Ernst Haeckel

Ziele und Wege der heutigen Entwicklungsgeschichte

Ernst Haeckel

Ziele und Wege der heutigen Entwicklungsgeschichte

ISBN/EAN: 9783743654556

Hergestellt in Europa, USA, Kanada, Australien, Japan

Cover: Foto ©berggeist007 / pixelio.de

Weitere Bücher finden Sie auf **www.hansebooks.com**

ZIELE UND WEGE

DER HEUTIGEN

ENTWICKELUNGSGESCHICHTE.

VON

ERNST HAECKEL.

JENA,

VERLAG VON HERMANN DUFFT.

1875.

DEM ALLVEREHRTEN

ALTMEISTER DER ENTWICKELUNGSGESCHICHTE

CARL ERNST BAER,

DER VOR FÜNFZIG JAHREN DER MORPHOLOGIE
DIE GENETISCHE GRUNDLAGE GAB,

WIDMET DIESE

KRITISCHEN BLÄTTER

IN VORZÜGLICHER HOCHACHTUNG

DER VERFASSER.

JENA, IM OCTOBER 1875.

Die Entwickelungsgeschichte der Organismen nimmt in der Gegenwart eine Stellung ein, welche von derjenigen in der ersten Hälfte unseres Jahrhunderts sehr verschieden ist. Obgleich die jüngste unter ihren Schwestern, hat sich diese Naturwissenschaft in kürzester Zeit zu einem Rang emporgeschwungen, welcher nicht bloss als hervorragender, sondern bereits als beherrschender sich geltend macht. Vor wenigen Decennien noch ein ziemlich isolirtes Specialfach einzelner Naturforscher, hat sich die Entwickelungsgeschichte mit beispiellosem Aufschwunge rasch zu einer universalen Wissenschaft gestaltet, und zu einer geistigen Bewegung den Anstoss gegeben, die ihre unberechenbaren Wellenschwingungen bereits bis zu den entferntesten Gebieten menschlicher Wissenschaft entsendet. Ist es ja doch vor Allem die Wissenschaft von unserem eigenen Menschenwesen, welche dadurch in einem völlig neuen Lichte erscheint; und da ist es wohl natürlich, dass das allgemeine Interesse nicht nur der Gelehrten, sondern aller Gebildeten sich der jugendlichen Entwickelungsgeschichte im höchsten Maasse zuwendet.

Aber nicht nur die Stellung der Entwickelungsgeschichte unter den übrigen Wissenschaften, sondern auch Begriff und Aufgabe, Inhalt und Umfang derselben haben sich so sehr umgestaltet, dass es wohl gestattet und gerathen ist, inmitten des athemlosen Wettlaufes der zahlreichen damit beschäftigten Forscher einen Augenblick stille zu halten, und Ziele und Wege der heutigen Entwickelungsgeschichte scharf in's Auge zu fassen.

Wenn wir mit dem heute noch lebenden Nestor unserer Wissenschaft, mit CARL ERNST BAER, „Beobachtung und Reflexion" als die beiden gleich wichtigen und gleich berechtigten Hauptwege

1

betrachten, die uns zu dem Ziele einer wahrhaft wissenschaftlichen Entwickelungsgeschichte hinführen, so überzeugen wir uns wohl leicht, dass beide Hauptwege im Laufe der letzten Decennien eine ausserordentliche Erweiterung und Umgestaltung erfahren haben. Ja, diese quantitative und qualitative Veränderung ist sowohl in der empirisch-beobachtenden, als in der philosophisch-reflectirenden Entwickelungsgeschichte so gewaltig geworden und beide Wege sind dabei so weit aus einander gegangen, dass nicht selten das eigentliche Ziel derselben darüber aus den Augen verloren wurde. In der That sehen wir, dass nicht nur in ferner stehenden Kreisen die verschiedensten Ansichten über die Bedeutung der Entwickelungsgeschichte sich geltend machen, sondern dass selbst vielen, speciell damit beschäftigten Naturforschern der klare Blick auf das gemeinsame Endziel getrübt oder selbst ganz verdeckt worden ist.

Was zunächst den empirischen Weg unserer Wissenschaft betrifft, die Beobachtung der Entwickelungserscheinungen, so brauchen wir uns hier nicht lange mit einer Uebersicht der gewaltigen Veränderungen aufzuhalten, welche derselbe sowohl nach Inhalt als nach Umfang des Objectes erlitten hat. Noch vor dreissig Jahren war fast ausschliesslich die Entwickelungsgeschichte der uns zunächst stehenden Wirbelthiere durch umfassendere und zusammenhängende Untersuchungsreihen genauer bekannt. Die bahnbrechenden Arbeiten von Caspar Friedrich Wolff und Carl Ernst Baer hatten hier den sicheren Grund gelegt, auf welchem Heinrich Rathke, Johannes Müller, Wilhelm Bischoff und zahlreiche andere Forscher in kurzer Zeit (namentlich im dritten und vierten Decennium unseres Jahrhunderts) eine gewaltige Masse des wichtigsten Materials zusammenführten und ordnend aufbauten. Dagegen hatte die individuelle Entwickelungsgeschichte der wirbellosen Thiere bis vor dreissig Jahren eigentlich kaum ein Werk aufzuweisen, welches sich jenen zahlreichen und ausführlichen Untersuchungen über die Entwickelungsgeschichte der Wirbelthiere hätte an die Seite stellen können. Namentlich hatte die Lehre von den Keimblättern, welche in der Ontogenie der Vertebraten als sicherstes Fundament die grösste Rolle spielte, auf die Invertebraten noch keine Anwendung gefunden. Wenn wir von Heinrich Rathke absehen, der schon 1829 seine Untersuchungen über die Entwickelung des Flusskrebses veröffentlicht hatte, so erschien erst 1844 Kölliker's Entwickelungsgeschichte der Cephalopoden, die erste grössere Arbeit, in der die Keimesgeschichte einer wir-

bellosen Thierform von Anfang bis zu Ende zusammenhängend verfolgt und bezüglich der elementaren Verhältnisse eingehend erörtert
war. Dann kamen in den Jahren 1846—1854 JOHANNES MÜLLER's
glänzende Entdeckungen über die Ontogenie der Echinodermen,
denen sich rasch eine grosse Anzahl von anderen Arbeiten über
die verschiedensten Classen der Wirbellosen anschlossen. Doch
erst verhältnissmässig spät wurde auch die Keimblätter-Theorie
auf die letzteren ausgedehnt und der Nachweis geführt, dass im
gesammten Thierreiche (mit Ausschluss der Protozoen) zwei primäre Keimblätter die Grundlage liefern, auf der sich der Thierkörper aufbaut. Zwar hatte der weitblickende HUXLEY schon 1849
bei den Medusen Ectoderm und Entoderm unterschieden und den
fundamentalen Gedanken ausgesprochen, dass dieselben dem animalen und vegetativen Keimblatte der Wirbelthiere zu vergleichen
seien. Aber der empirische Nachweis für die Richtigkeit dieses
Vergleiches und seine allgemeine Gültigkeit fehlte; und erst vor
zehn Jahren begann A. KOWALEVSKY in einer Reihe von ausgezeichneten Arbeiten denselben zu liefern. Wie dann die ausgedehnten Untersuchungen zahlreicher Beobachter in den letzten
Jahren die Erkenntniss der beiden primären Keimblätter fast über
das ganze Thierreich ausdehnten, ist bekannt. Indem ich selbst
diesen Nachweis endlich auch für die niedersten Metazoen, für die
Spongien führte und dann in der Gastraea-Theorie die Homologie
der beiden primären Keimblätter bei sämmtlichen Metazoen fest-
stellte, wurde die einheitliche Bahn für die weitere vergleichende
Keimesgeschichte der Metazoen endgültig geebnet.

Mit dieser umfassenden Ausdehnung des empirischen For-
schungsgebictes der Entwickelungsgeschichte ging die Vervollkommnung der erforderlichen technischen Untersuchungs-Methoden Hand
in Hand. Vor Allen war es hier die höchst fruchtbare Methode
der successiven Querschnitte, welche für die Erkenntniss der frühesten und wichtigsten Keimungsvorgänge zu einer neuen, früher
ungeahnten Lichtquelle sich gestaltete. Nachdem zuerst REMAK
in seinen vorzüglichen und für die Histogenie bahnbrechenden
„Untersuchungen über die Entwickelung der Wirbelthiere" (1850—
1855) die Querschnitts-Methode mit dem glänzendsten Erfolge
durchgehends angewendet hatte, wurde sie durch KOWALEVSKY
und Andere auch auf die Keimesgeschichte der Wirbellosen ausgedehnt. Mit ihrer Hülfe wurden die weitreichendsten Resultate
erzielt, besonders seitdem die Technik dieser Methode durch die
verschiedenen Arten der Einbettung der Präparate vervollkommnet

und mit der im letzten Decennium zu allgemeiner Anwendung gelangten Tinctions-Methode in glücklichster Weise combinirt wurde. Wie sehr durch diese vervollkommneten technischen Methoden und durch die gleichzeitigen Fortschritte in dem Gebrauche der vervollkommneten Mikroskope der empirische Weg der Entwickelungsgeschichte geebnet und mit welchem glänzenden Erfolge derselbe von zahlreichen Beobachtern betreten wurde, geht aus der ungeheuren Masse neuen Materials hervor, welches mittelst derselben in kurzer Zeit zu Tage gefördert wurde. Ueber den hohen Werth jener neuen Beobachtungs-Methoden und über deren allgemeine Anwendung bestehen auch unter den zahlreichen, gegenwärtig damit beschäftigten Forschern keine wesentlichen Differenzen. Ebenso sind wir Alle über die nächsten Ziele einig, die wir auf diesen Wegen zu erreichen streben: die genaueste und gründlichste Erforschung der Thatsachen-Complexe, welche sich in der Keimesgeschichte der Thiere offenbaren. Dass es hier gilt, jede einzelne — und auch die scheinbar unbedeutendste — Formerscheinung möglichst scharf zu beobachten, möglichst allseitig zu untersuchen, durch möglichst genaue und naturgetreue Abbildungen wiederzugeben — und dass diese möglichst exacte Beobachtung und Darstellung ebenso auf die Entwickelung der Gewebe, wie auf diejenige der Organe in ununterbrochenem Zusammenhange sich erstrecken muss, darüber existirt unter den sämmtlichen damit beschäftigten Forschern wohl heutzutage kein Meinungsunterschied.

Ganz anders steht es aber mit dem zweiten Hauptwege der wissenschaftlichen Entwickelungsgeschichte, mit der philosophischen Erkenntnissbahn der Reflexion. Wenn wir uns jetzt zu dieser wenden, so tritt uns zunächst die nicht geringe Zahl jener angeblich „exacten", in der That aber beschränkten Handarbeiter entgegen, welche in der nackten Beobachtung und Beschreibung der Thatsachen allein das Ziel der Entwickelungsgeschichte finden und welche jede Frage nach deren Causalnexus, jede philosophische Reflexion überhaupt von unserer Wissenschaft fern halten wollen. Eine ernstliche Widerlegung dieser engen Ansicht ist überflüssig. Denn wer noch heute die Entwickelungsgeschichte als eine rein „descriptive Wissenschaft" betrachtet (— eine Contradictio in adjecto —), wer noch heute den Unterschied zwischen Wissen und Wissenschaft, zwischen Kenntniss und Erkenntniss nicht kennt, der hat überhaupt unter den Vertretern wahrer Wissenschaft nicht mitzureden; und der verfolgt auch in der Entwickelungsgeschichte

nur eine unterhaltende „Gemüths- und Augen-Ergötzung", aber
keine wahrhaft wissenschaftlichen Ziele.

Wenn wir aber hier auch ganz von diesen unwissenschaftlichen
Handarbeitern absehen und nur jene Richtungen in's Auge fassen,
welche hinter den Erscheinungen der Entwickelung die bewirkenden Ursachen erkennen wollen, und welche demnach in der Entwickelungsgeschichte wirklich höhere, wahrhaft wissenschaftliche
Ziele anstreben, so stossen wir auf die gewaltigsten Differenzen und
die unvereinbarsten Gegensätze gerade unter den neuesten darauf
gerichteten Bestrebungen. Nur das Eine haben alle diese verschiedenen Richtungen gemeinsam, dass sie sich nicht mit den
beobachteten Thatsachen der Entwickelung begnügen, sondern
diese auf ihre wahren Ursachen zurückführen und so erklären
wollen. Aber welcher Natur jene Ursachen sind, auf welchen
Wegen dieses Ziel der Erklärung erreicht werden soll und was
dieses Ziel selbst eigentlich ist, darüber gehen die Ansichten merk-
würdig aus einander.

Halten wir daran fest, dass die Erkenntniss der biogenetischen Ursachen das gemeinsame Ziel aller derjenigen
Forscher ist, welche sich nicht mit der blossen Kenntniss der
keimesgeschichtlichen Thatsachen begnügen wollen, so können wir
zunächst die Gesammtheit aller dieser Forscher in zwei gegen-
überstehende Gruppen bringen. Diese beiden Gruppen entsprechen
den beiden uralten feindlichen Heerlagern der Philosophie, die seit
mehr als zwei Jahrtausenden im Kampf um die Wahrheit sich
mehr oder minder schroff gegenüber stehen, und die unter den
Naturforschern JOHANNES MÜLLER so treffend charakterisirt hat
im sechsten Buche seiner unübertroffenen Physiologie („Vom See-
lenleben", S. 510—513). Auf der einen Seite stehen die Duali-
sten und Teleologen, welche die wahre Ursache des Seelenlebens
wie der organischen Entwickelung in den „bewegenden, den organischen Körpern eingebildeten Ideen" suchen, also in zweckthätigen
„Endursachen" (Causae finales). Von dem grossen Denker PLATO
bis auf MICHELIS, den altkatholischen Philosophen, der kürzlich in
der „Haeckelogonie" die platonische Ideenlehre so unübertrefflich
mit den missverstandenen Thatsachen der Wirbelthierentwicke-
lung zusammenreimte, finden wir diese dualistische Ansicht in
zahllosen Abstufungen vertreten. Sie ist seit Jahrtausenden in
der denkenden Menschheit die herrschende geblieben. Denn sie
wird äusserlich auf das mächtigste unterstützt durch die grosse
Mehrzahl der Kirchenreligionen, die bei dieser Weltanschauung

und bei dem damit verknüpften Glauben an eine vom physischen
Leibe getrennte Seele ihre vortheilhafteste Rechnung finden. In-
nerlich aber findet sie ihre kräftigste Stütze in dem menschlichen
Egoismus. Denn, wie JOHANNES MÜLLER treffend bemerkt „leiht
das Interesse des selbstigen Ichs an seinem persönlichen Fortbe-
stehen jenem Glauben Stärke und Zuversicht, und prätendirt die
Fortdauer seiner Person auch über das Grab hinaus."
Gegenüber diesem mächtigen und von jeher herrschenden Dua-
listenheer finden wir auf der anderen Seite die kleine Schaar der
Monisten und Pantheisten, welche in streng einheitlicher
Weltbetrachtung einen fundamentalen Unterschied zwischen organischer und anorganischer Natur nicht anerkennen, vielmehr alle
Materie als belebt, alles Leben als gebunden an die Materie betrachten. Die wahren Ursachen der organischen Entwickelung und
des Seelenlebens sind nach ihrer Auffassung werkthätige Ursachen
oder „Grundursachen" (Causae efficientes). Auch diese Weltanschauung ist von HERAKLIT und ANAXAGORAS an bis auf SPINOZA
und GIORDANO BRUNO, bis auf LAMARCK und GOETHE durch zahllose Abschattirungen vertreten, die einestheils in nacktem Materia-
lismus, anderntheils in reinstem Spiritualismus sich zu extremen
Gegensätzen ausbildeten. So schroff aber auch diese Gegensätze
sich gegenüber zu treten scheinen, so lösen sie sich doch bei consequenter Naturbetrachtung völlig auf und versöhnen sich in dem
grossartigen pantheistischen Grundgedanken der Einheit der
Natur und der sie beherrschenden Gesetze.

In der Entwickelungsgeschichte der Organismen, wie in der
Psychologie, ist die ältere und mächtigere dualistische Auffassung
noch heute, wie seit Jahrtausenden, die herrschende geblieben;
und das ist ganz natürlich. Denn je wunderbarer und verwickelter die Naturerscheinungen dem Menschen gegenüber treten, desto
eher verzweifelt er an der Aufgabe, ihre natürlichen Grundursachen,
die wahren „Causae efficientes" zu finden; desto leichter entschliesst
er sich, an ihre Stelle die Hypothese von den übernatürlichen Endursachen, den falschen „Causae finales", treten zu lassen. Nun
gehören aber die Erscheinungen, die uns in der Entwickelungsgeschichte der Organismen entgegentreten, zu den allerwunderbarsten
und verwickeltsten, und es war daher ganz natürlich, dass hier
nicht weniger als in der Psychologie die dualistische und teleologische Weltanschauung ihre festesten Stützen fand. Das war um
so nothwendiger, als man bis zum Beginn unseres Jahrhunderts
fast ausschliesslich die individuelle Entwickelungsgeschichte,

dio wir kurz „Keimesgeschichte oder Ontogenie". nennen, alsdie „eigentliche" Entwickelungsgeschichte betrachtete und untersuchte. Die wahren bewirkenden Ursachen der individuellen Entwickelung aller Organismen liegen aber verborgen in der historischen Entwickelung ihrer Vorfahrenkette, und nur die paläontologische Entwickelungsgeschichte dieser letzteren, unsere „Stammesgeschichte oder Phylogenie", vermag uns in der Wechselwirkung der Vererbungs- und Anpassungs-Gesetze die wahren Grundursachen jener ersteren zu enthüllen.

Bekanntlich war es die ältere Naturphilosophie im Anfange unseres Jahrhunderts, welche diesen innigen Causalnexus zwischen Keimes- und Stammesgeschichte, zwischen Ontogenie und Phylogenie ahnungsvoll zu erfassen begann. Freilich war sie damals nicht im Stande ihn scharf zu formuliren und gehörig empirisch zu begründen. Im Gegentheil rief sie bald den lebhaftesten Widerspruch der strengeren Empirie dadurch hervor, dass sie daraus den falschen Satz ableitete, jeder höhere Organismus durchlaufe während seiner individuellen Entwickelung die Formenreihe aller niederen. Allein die Ahnung des biogenetischen Grundgesetzes lag darin als Keim versteckt. Auch legte JEAN LAMARCK in seiner bewunderungswürdigen „Philosophie zoologique" schon 1809 den ersten Grund zu einer „Natürlichen Schöpfungsgeschichte", über welche bereits KANT und GOETHE, OKEN und TREVIRANUS so viele treffende Gedanken entwickelt hatten. Aber jene ältere Naturphilosophie, an deren Spitze in Deutschland SCHELLING, in Frankreich GEOFFROY S. HILAIRE traten, entfernte sich rasch allzusehr von den empirischen Grundlagen und erhob sich mit allzukühnem Fluge in unbekannte Sphären, in welche ihr die vorsichtige empirische Naturwissenschaft zu folgen nicht im Stande war. Es trat daher bald als natürlicher Rückschlag gegen jene „Ueberspeculation" die nüchterne, streng an die bekannten Thatsachen sich bindende Richtung ein, die von 1830—1860 die herrschende blieb. Erst CHARLES DARWIN vermochte den auf der Naturphilosophie liegenden Bann zu lösen. Er verstand es, mit Hülfe des massenhaften, inzwischen angesammelten Materials die schon von LAMARCK systematisch begründete Abstammungslehre zu allgemeiner Geltung zu bringen und ihr durch seine Selections-Theorie eine neue physiologische Basis zu geben.

DARWIN's epochemachendes, 1859 erschienenes Werk „über die Entstehung der Arten" ist in Aller Händen; aber dennoch wird seine Bedeutung für die Entwickelungsgeschichte der Orga-

8

nismen vielfach verkannt, und sowohl seine Anhänger wie seine Gegner vertreten bis auf den heutigen Tag die verschiedensten Ansichten über die Folgerungen, welche aus der Descendenz-Theorie für die Entwickelungsgeschichte der organischen Individuen und für deren Ursachen zu ziehen sind. Das liegt vorzüglich daran, dass DARWIN selbst in seinem Hauptwerke der individuellen Entwickelungsgeschichte nur einen ganz kurzen Abschnitt (nur 10 Seiten des XIII. Capitels) widmete und auch in seinen übrigen Schriften nicht weiter auf dieselbe einging. Dagegen zeigte alsbald FRITZ MÜLLER in der ideenreichen Schrift „Für Darwin" (1864) an dem Beispiele der Crustaceen, welche völlige Umwandlung Ziele und Wege der individuellen Entwickelungsgeschichte durch die Reform und Neubegründung der Descendenz-Theorie nothwendig erfahren mussten. Er behauptete nicht allein, dass „die Urgeschichte der Art" in ihrer individuellen Entwickelungsgeschichte mehr oder minder vollständig sich abspiegele und wiederhole; sondern er wies auch auf die wichtigen Fälschungen und Abkürzungen hin, welche diese Wiederholung im Laufe der Zeit erleide. Die kleine, aber bedeutungsvolle Schrift FRITZ MÜLLER's war die erste, welche nach DARWIN's reformatorischem Auftreten die neuen Aufgaben der Entwickelungsgeschichte scharf beleuchtete. Aber seine glänzende Beweisführung vermochte keinen durchgreifenden Erfolg zu erringen.

Seit Beginn meiner naturwissenschaftlichen Studien von dem lebhaftesten Interesse für Entwickelungsgeschichte beseelt, und ebenso wie FRITZ MÜLLER von der unumstösslichen Ueberzeugung durchdrungen, dass mit DARWIN's Reform der LAMARCK'schen Descendenz-Theorie eine neue Epoche für jene Wissenschaft beginne, versuchte ich im zweiten Bande meiner 1866 erschienenen „Generellen Morphologie" die Bedeutung der letzteren für die erstere ausführlich zu entwickeln. Ich stellte als zwei coordinirte und gleichberechtigte Hauptzweige der organischen Entwickelungsgeschichte einerseits die Ontogenie als die Entwickelungsgeschichte der organischen Individuen (Embryologie und Metamorphologie), anderseits die Phylogenie als die Entwickelungsgeschichte der organischen Stämme (Genealogie und Palaeontologie) neben einander. Ich versuchte ferner die bisher so wenig untersuchten und sowohl von der Morphologie als von der Physiologie völlig vernachlässigten Erscheinungen der Vererbung und Anpassung — die wahren Ursachen aller organischen Stammesentwickelung — schärfer in's Auge zu fassen, als physiologische Functionen nachzuweisen und ihre mannichfachen Wirkungsweisen unter vorläufige Gesetze zu formuliren. Ich machte endlich den ersten Versuch, in consequenter Anwendung der Descendenz-Theorie auf das natürliche System der Organismen dieses in phylogenetischem Sinne umzugestalten und als wahren Stammbaum der Organismen zu entwickeln. Die Wirkung dieser ernstgemeinten Versuche war zunächst sehr schwach. Während die meisten Fachgenossen, für die ich geschrieben hatte, die „Generelle Morphologie" einfach ignorirten, wurde sie von Anderen als ein Conglomerat naturphilosophischer Träumereien verspottet und von noch Anderen als bedauernswerthe Verirrung bemitleidet. Gleich anderen ähnlichen Reformversuchen würde sie einfach todtgeschwiegen worden sein, wenn ich nicht in der „Natürlichen Schöpfungsgeschichte" und später in der „Anthropogenie" einen Theil der neuen, in der „Generellen Morphologie" niedergelegten Ideen in populärer Form dargestellt und so einem grösseren Theile des gebildeten Publicums zugänglich gemacht hätte. Das dadurch erzielte Interesse eines weiteren Kreises nöthigte auch die zunächst berührten Fachgenossen, meine neue Auffassung und Darstellung der Entwickelungsgeschichte in Betracht zu ziehen, und ich erfreue mich jetzt, wo noch nicht zehn Jahre seit dem Erscheinen der „Generellen Morphologie" verflossen sind, der Genugthuung, viele ihrer einflussreichsten Vorstellungen bereits in Fleisch und Blut unserer Wissenschaft aufgenommen zu sehen. Dieselben Morphologen, die zuerst die „Phylogenie" für ein leeres Luftgebilde erklärten, bedienen sich jetzt des Wortes Phylogenie und der damit verknüpften Begriffsreihen, als ob es althergebrachtes Erbgut der Wissenschaft wäre; und dieselben Systematiker, die meine phylogenetische Umgestaltung des Systems für überflüssig oder verfehlt erklärten, haben bereits viele der darin vorgeschlagenen Veränderungen thatsächlich adoptirt.

Je mehr so einerseits meine morphologischen Reformversuche in neuester Zeit Anklang und Wirkung fanden, desto lebhafter musste sich natürlich andererseits auch die Opposition gegen dieselben erheben. Insbesondere gestaltete sich das „sogenannte" biogenetische Grundgesetz, in welchem ich den Causalnexus zwischen Ontogenie und Phylogenie bestimmt formulirt hatte, zum wichtigsten Angriffspunkte sowohl der Empiriker als der Philosophen. Während die letzteren dasselbe als eine feste Stütze der monistischen Weltanschauung zu zerstören suchten, bemühten sich die ersteren namentlich, dessen thatsächliche Begründung zu be-

kämpfen. Besonders lebhaft wurde dieser Kampf in den letzten
Jahren, nachdem ich in meiner Monographie der Kalkschwämme
(1872) einen Versuch zur analytischen Lösung des Problems von
der Entstehung der Arten gemacht und dabei die „Gastraea-Theorie" aufgestellt hatte. Diese vielgescholtene Gastraea-Theorie,
welche den Metazoen-Stammbaum bis zur Wurzel verfolgt, und
welche ich später in mehreren besonderen Aufsätzen näher aus-
führte[1]), bietet allerdings eine vorzüglich günstige Veranlassung,
die Berechtigung des biogenetischen Grundgesetzes zu prüfen und
seine Bedeutung nachzuweisen. Es war daher ganz natürlich, dass
meine empirischen Gegner, voran CARL CLAUS, CARL SEMPER,
ALEXANDER AGASSIZ, ELIAS METSCHNIKOFF und viele Andere,
nicht zögerten, dieselbe auf das Heftigste anzugreifen. Da die
Widerlegung dieser Angriffe ein näheres Eingehen auf viele specielle Verhältnisse erfordert, verzichte ich hier auf dieselbe und
verspare sie mir auf die Nachträge, welche ich demnächst zur
Gastraea-Theorie zu geben beabsichtige. Dagegen scheint es mir
geboten, hier auf das Entschiedenste meine generelle Auffassung
der Entwickelungsgeschichte zu vertheidigen und die Wege zu
rechtfertigen, welche nach meiner Ueberzeugung allein zu deren
Ziele hinführen.

Unter der grossen Anzahl von Schriften, welche neuerdings
gegen meine generelle Darstellung unserer Wissenschaft gerichtet
worden sind, scheinen mir weder die „Haeckelogonie" von Professor MICHELIS, noch die ähnlichen Angriffe anderer Theologen und
theologischen Philosophen (z. B. HUBER) besonderer Widerlegung
zu bedürfen. Denn die darin hervortretende Unkenntniss oder
mangelhafte Kenntniss der wichtigsten Erscheinungs-Complexe, auf
die sich meine Anschauungen stützen, macht von vornherein eine
Verständigung unmöglich. Dagegen scheint es mir um so dringen-
der nöthig, die Angriffe derjenigen Gegner zu widerlegen, welche
mit dem empirischen Materiale der Entwickelungsgeschichte genau
vertraut sind, daraus aber völlig entgegengesetzte allgemeine Schlüsse
ziehen. Unter diesen nehmen einen hervorragenden Rang diejenigen beiden Ontogenisten ein, welche im letzten Decennium die um-
fangreichsten und ausgedehntesten Untersuchungen über die specielle Keimesgeschichte der Wirbelthiere veröffentlicht und sich
dadurch besondere Anerkennung erworben haben. Obgleich diese

---

1) Die Gastraea-Theorie, die phylogenetische Classification des Thierreichs und
die Homologie der Keimblätter. (Jenaische Zeitschr. für Naturwiss. 1874. Bd. VIII,
S. 1). Die Gastrula und die Eifurchung der Thiere. (Ibid. 1875. Bd. IX, S. 402.)

beiden Beobachter, WILHELM HIS und ALEXANDER GOETTE, ganz
verschiedene Wege der Ontogenie verfolgen und unter sich in den
wichtigsten principiellen Fragen ganz entgegengesetzter Ansicht
sind, stimmen sie doch beide in der unbedingten Opposition gegen
meine Auffassung der Entwickelungsgeschichte und speciell gegen
das biogenetische Grundgesetz überein. Der allgemeine Theil ihrer
Arbeiten verfolgt vorzüglich den Zweck, dieses Grundgesetz zu widerlegen und die Phylogenie als gar nicht zur Ontogenie gehörig
darzuthun. Ich habe daher hier ganz besondere Veranlassung,
unzweideutig auf die Angriffe von HIS und GOETTE zu antworten,
und muss zu zeigen versuchen, dass ihre beiderseitigen Auffassungen der Entwickelungsgeschichte falsch sind. Wenn ich dabei
klar und unverhüllt die Gedanken ausspreche, welche ich in diesem heftig entbrannten „Kampfe um die Wahrheit" für richtig
halte, und wenn ich dabei die Schwächen meiner beiden Gegner
rücksichtslos enthülle, so wird mir dies Niemand verargen, der die
starken, von HIS und GOETTE gegen mich gerichteten Angriffe
kennt. Auch halte ich es in diesem Falle, wo völlig verschiedene
Principien sich unversöhnlich gegenüber stehen, für beide Parteien
und für die Ermittelung der Wahrheit nur vortheilhaft, dass keinerlei Vermittelung und Vertuschung versucht, vielmehr Satz gegen
Satz, Ziel gegen Ziel voll und ganz eingesetzt wird.

Um Missverständnisse zu vermeiden, schicke ich voraus, dass
ich durch die Bekämpfung und Widerlegung der generellen
Ansichten meiner beiden Gegner keineswegs die mannichfachen
speciellen Verdienste verkennen und leugnen will, welche sich
Beide um die Keimesgeschichte der Wirbelthiere, ihr
eigentliches Specialobject, erworben haben. Sowohl HIS als GOETTE
haben viele Jahre hindurch mit unermüdlichem Fleisse und aner-
kennenswerther Ausdauer die specielle Ontogenie eines einzigen
Wirbelthieres von Anfang bis zu Ende verfolgt. HIS hat sich das
Hühnchen, GOETTE die Unke als Hauptobject erwählt. Beide haben daneben auch noch theilweise die Keimesgeschichte einzelner
anderer Wirbelthiere verfolgt, leider nur gerade nicht derjenigen,
welche die grössten Aufschlüsse über die Morphologie der Vertebraten geben (Amphioxus, Cyclostomen, Selachier, Perennibranchien).
In Bezug auf den rein empirischen und speciell den technischen Theil der Untersuchung erscheinen sowohl die Arbeiten von
HIS als von GOETTE ausgezeichnet. Eine Unmasse von Präparaten
und namentlich von feinen Querschnitten nach allen Richtungen
sind mit grossem Geschick angefertigt, nach den raffinirten Me-

thoden der neuesten Zeit sorgfältig gehärtet, gefärbt und conser-
virt. Zahlreiche Zeichnungen sind nach den auserwähltesten dieser
Präparate mit möglichster Genauigkeit angefertigt und grösstentheils in vorzüglicher Weise wiedergegeben. Es müsste seltsam
zugehen, wenn in solchen Arbeiten nicht eine Masse von werthvollen neuen Einzelheiten mitgetheilt würden, welche gehörig beurtheilt als nützliche Bausteine dem grossen Gebäude der wissenschaftlichen Entwickelungsgeschichte eingefügt werden könnten.
Aber mit diesem Verdienste der fleissigen Handlanger, welches
jeder billig Denkende gern und voll sowohl His als GOETTE zu-
sprechen wird, geben sich Beide nicht zufrieden. Beide erheben vielmehr weit höhere Ansprüche; Beide wollen geniale Baumeister sein,
die den gewaltigen Bau der thierischen Entwickelungsgeschichte auf
ganz neuen Grundlagen aufrichten; Beide legen das Hauptgewicht
nicht auf ihre zahlreichen werthvollen Specialbeiträge, sondern auf
die allgemeinen Resultate, auf die philosophischen Reflexionen
und Schlüsse, die sie uns als reife Frucht der ersteren geben wollen. His glaubt „ein verhältnissmässig einfaches Wachsthumsgesetz" entdeckt zu haben, welches „das einzig Wesentliche
bei der ersten Entwickelung ist. Alle Formung, bestehe sie in
Blätterspaltung, in Faltenbildung oder in vollständiger Abgliede-
rung, geht als eine Folge aus jenem Grundgesetz hervor"
(Hühnchen, S. 55). His will ferner dieses Wachsthum als „eine
Function von Raum und Zeit" nachweisen, mathematisch berechnen
und so eine physiologische Erklärung der Formbildung aus
mechanischen Ursachen geben. Andererseits sagt GOETTE: „Ich
habe dieses Buch nicht in der Absicht verfasst, um lediglich die
Erscheinungsthatsachen in der Entwickelungsgeschichte der Wirbelthiere festzustellen; sondern mein Ziel war, an der Hand jener
Thatsachen und auf Grund des beobachteten Ueberganges der Formen in einander zu einer Vorstellung über den Causalzusammenhang derselben zu gelangen." Also die wirkliche Erklärung der ontogenetischen Erscheinungswelt durch ihren Causalnexus, die Erkenntniss der wahren Ursachen, die ihnen zu
Grunde liegen, ist bei His wie bei GOETTE das löbliche Endziel,
auf welches sie ihr Streben richten. Gerade hierbei aber treten
Beide meinen eigenen Bestrebungen auf das Schroffste entgegen,
und gerade in diesem Punkte werde ich mich bemühen, das Verfehlte
ihrer Wege und Ziele darzuthun.

Unter den ontogenetischen Arbeiten von WILHELM HIS haben
wir als Hauptwerk die „Untersuchungen über die erste Anlage

des Wirbelthierleibes" hervorzuheben, und unter diesen als wichtigsten den ersten Theil: „Die erste Entwickelung des Hühnchens im Ei" (Leipzig 1868. 224 S. 4º mit 12 Tafeln). Bedeutungslos erscheint dagegen der dürftige zweite Theil: „Ueber das Ei und die Eientwickelung bei Knochenfischen." (Leipzig 1873, 54 S. 4º mit 4 Tafeln.) Die allgemeinen Principien, die ihn bei dieser Arbeit leiteten, entwickelte His 1869 in einer akademischen Rectoratsrede: „Ueber die Bedeutung der Entwickelungsgeschichte für die Auffassung der organischen Natur" (Leipzig 1870). Endlich hat derselbe, veranlasst durch meine „Natürliche Schöpfungsgeschichte" und „Anthropogenie", 1875 eine allgemeine Darstellung derselben gegeben in der Schrift: „Unsere Körperform und das physiologische Problem ihrer Entstehung", deren wichtigster Theil speciell gegen mich gerichtet ist [1]).

Unter den ontogenetischen Arbeiten von ALEXANDER GOETTE präsentirt sich als Hauptwerk vor allen die grossartige „Entwickelungsgeschichte der Unke (Bombinator igneus) als Grundlage einer vergleichenden Morphologie der Wirbelthiere" (Leipzig 1875, 964 S. gr. 8º mit einem Atlas von 22 Tafeln Folio). Wir werden dieses Hauptwerk hier ausschliesslich in Betracht ziehen, da die zahlreichen kleineren, früher von GOETTE gegebenen Mittheilungen über Entwickelungsgeschichte der Wirbelthiere in ihren wesentlichen Resultaten auch in das Hauptwerk aufgenommen sind und ausserdem keine allgemeine Betrachtung enthalten, welche nicht in dem Hauptwerke über die Unke ausführlicher entwickelt wäre [2]).

Bei der völligen Verschiedenheit der positiven Ansichten, welche His und GOETTE über Ziele und Wege der Entwickelungsgeschichte vertreten, müssen wir unsere beiden Gegner getrennt zu schlagen versuchen, vorher aber den Nachweis führen, dass Beide

---

1) Auf dem Titelblatt von „Unsere Körperform" steht die Jahreszahl 1874. Die Schrift ist aber, wie schon das (vom Januar 1875 datirte) Vorwort zeigt, erst im folgenden Jahre wirklich erschienen. Ich werde das Hauptwerk kurz als „Hühnchen" citiren, die Rectoratsrede als „Rede" und das dritte genannte Werk als „Körperform".

2) Unter den kleineren Arbeiten von GOETTE sind hervorzuheben die „Beiträge zur Entwickelungsgeschichte der Wirbelthiere" in MAX SCHULTZE's Archiv für mikrosk. Anatomie. I. „Der Keim des Forellen-Eies" (Bd. IX, 1873, p. 679—708; Taf. XXVII). II. „Die Bildung der Keimblätter und des Blutes im Hühner-Ei." (Bd. X, 1874, p. 145—199; Taf. X—XII). Auch mehrere kleine Mittheilungen im Berliner mediciu. Centralblatte enthalten einzelne wichtige Bemerkungen. Für die allgemeinen Ansichten und den dualistischen Standpunkt von GOETTE ist sehr bezeichnend die Besprechung, welche derselbe von meiner „Anthropogenie" in der „Jenaischen Literatur-Zeitung" gegeben hat (Nr. 23 vom 5. Juni 1875).

in einem negativen Hauptpunkte zusammenstimmen, nämlich in der
völligen Verwerfung der Descendenz-Theorie, des Darwinismus und der Phylogenie. Dieser Nachweis ist um so nothwendiger, als Beide der Descendenz-Theorie und der daraus er-
wachsenen Phylogenie scheinbare Concessionen machen und gelegentlich nicht versäumen, DARWIN mit einigen tagesüblichen Com-
plimenten zu beschenken. Das sind Schwachheiten, über die Beide
bei ehrlicher und consequenter Vertretung ihrer eigenen Entwicke-
lungs-Theorien erröthen müssen. Denn die letzteren sind mit den
ersteren völlig unvereinbar, und es geschieht daher lediglich aus
Rücksicht auf die Darwinistische Strömung der Gegenwart und auf
die „öffentliche Meinung" der Biologie, wenn sie hie und da sich
als Verehrer DARWIN's geberden.

His hat sein Verhältniss zur Descendenz-Theorie am richtig-
sten selbst in folgenden Worten treffend charakterisirt: „Die neuere
Forschung strebt auf das Entschiedenste dahin, die einzelnen Le-
bensformen unter einander in historischen Verband zu bringen, und
die stufenweise Entwickelung höherer Formen aus niedrigeren zu
erweisen. Bei dieser, in unsere Naturauffassung so tief eingreifen-
den Frage ein Urtheil abzugeben, erlaubt mir der Gang
meiner eigenen Studien nicht (!). Einzelne von den Erfahrungen, welche der Aufnahme von DARWIN's Lehre einen so gün-
stigen Boden geschaffen haben, wie z. B. der Parallelismus zwischen
systematischer und embryologischer Entwickelung, lassen sich aus
den früher dargelegten Principien der Formbildung erklären, ohne
dass die Aufstellung eines historischen Verbandes
zwischen den ähnlichen Formen nothwendig wird. Dagegen bleibt die geologische Entwickelung der Formen ein Räthsel" u. s. w. (Hühnchen, S. 223). Ebenso sagt His
in der citirten Rede (1869, S. 35): „Wenn ich mich genöthigt sehe,
die Ansprüche der individuellen Entwickelungsgeschichte gegenüber
der überwallenden Macht DARWIN'scher Anschauungen zu wahren,
so geschieht dies nicht ohne bedeutendes inneres Widerstreben.
Gerade in den Hauptpunkten fühle ich mich für die
Beurtheilung derselben incompetent."

Diese aufrichtig und in richtiger Selbsterkenntniss eingestan-
dene Incompetenz hindert jedoch His nicht, die Descendenz-Theorie
zu bekämpfen und zu behaupten, dass „die sämmtlichen, der Morphologie oder der Entwickelungsgeschichte entnommenen Argumente
desshalb nicht von beweisender Kraft seien, weil sie als die unmittelbaren Folgen physiologischer Entwickelungsprincipien

der Erklärung auf dem weiten Umwege genealogischer
Verwandtschaft gar nicht bedürfen." (Rede S. 36). In der
That ist auch HIS nur consequent, wenn er hier und an anderen
Orten die Descendenz-Theorie als unvereinbar mit seiner eigenen
Entwickelungs-Theorie bekämpft; und ganz dasselbe gilt von GOETTE.
Wie allgemein bekannt, beruht die Descendenz-Theorie in erster
Linie auf der fundamentalen und höchst wichtigen Thatsache,
dass sich die durch Anpassung erworbenen Veränderungen vererben, einer Thatsache, deren mannichfaltige Erschei-
nungsformen ich in der „Generellen Morphologie" (Bd. II, S. 186
—196) als „Gesetze der progressiven Vererbung" formulirt habe. Ohne die Anerkennung dieser Thatsache ist jede Ab-
stammungs-Theorie, jede Vorstellung, dass verschiedene Species von
gemeinsamen Stammformen abstammen, überhaupt undenkbar. Nun
ist es gewiss höchst charakteristisch, dass sowohl HIS als GOETTE
diese fundamentale Thatsache völlig leugnen. Hören wir darüber
zunächst HIS (Körperform, S. 157): „Erfahrungen der ausgedehntesten Art erlauben uns die Entscheidung über diesen
Punkt: Seit Jahrtausenden stehen und gehen wir in derselben Weise[1]); seit Jahrhunderten sprechen unsere Vorfahren
dieselbe Sprache[2]) und schreiben dieselbe Schrift[3]); und doch
mussten wir selbst und müssen unsere Kinder diese Fähigkeiten
jedes wieder einzeln lernen[4]). Seit Jahrtausenden üben ferner gewisse Völkerschaften die Circumcision, ohne dass der, immer wieder
von Neuem abgetragene Theil durch Vererbung verschwunden wäre[5]).
Solchen Erfahrungen gegenüber kann die Handvoll Anecdo-

---

1) Was werden die Tanzmeister, welche die Jugend der höheren Gesellschafts-
kreise „mit Anstand" gehen und stehen lehren, was werden die Unterofficiere, welche
die Recruten einexerciren, zu dieser Unveränderlichkeit der Gangart sagen?

2) Was werden die Historiker, die Philologen und die vergleichenden Sprach-
forscher zu dieser Unveränderlichkeit der Sprache sagen?

3) Was werden die Calligraphen, die das „Schönschreiben" lehren, und die Ar-
chaeologen, die alte Manuscripte enträthseln, zu dieser Unveränderlichkeit der Schrift-
weisen sagen?

4) His zieht hier offenbar aus der Annahme der Vererbung von Anpassungen
die Folgerung, dass neugeborne Kinder gehen und stehen, sprechen und schreiben
müssen!

5) Diese oft wiederholte Behauptung ist falsch! Das Praeputium ist bei vielen semitischen Völkern, die seit Jahrtausenden die Beschneidung üben (so namentlich bei den Arabern und den Mauren) meist mehr oder minder rückgebildet, wenn
auch nur selten ganz verschwunden. Warum in den einen Fällen diese Wirkung
der Beschneidung gewöhnlich eintritt, in den anderen dagegen (z. B. bei den Juden)
gewöhnlich ausbleibt, wissen wir allerdings nicht.

ten (!), welche man zu Gunsten der Vererbung individuell erworbener Eigenschaften angeführt hat, nicht aufkommen. Ohnedem
erinnert ihre Beglaubigung lebhaft an die Beweise für das Versehen Schwangerer (!!), und auf wissenschaftliche Beachtung dürfen
sie zum Mindesten keinen Anspruch machen (sic !!!) Bis zum Eintritt besserer Beweise halten wir an dem Satze fest, dass die im
individuellen Leben erworbenen Eigenschaften sich
nicht vererben" [1]).

Eben so klar und unzweideutig äussert sich über dieses fundamentale Princip GOETTE in seiner Entwickelungsgeschichte der
Unke: „Die Vererbung erworbener Veränderungen kann unmöglich angenommen werden (Unke, S. 900). Die gemeine Erfahrung
spricht nicht für, sondern gegen die Vererbung erworbener Veränderungen (S. 896) [2]). Die Einsicht in den Causalzusammenhang
der individuellen Entwickelung verbietet uns also die Annahme,
dass irgendwelche Entwickelungsveränderungen im physiologischen (!) Leben [3]) erworben würden" (Sic! Unke, S. 901). „Die
Vererbung erklärt Nichts! — Damit ist auch die Vererbungs-
fähigkeit erworbener Veränderungen der Organisation, also grade
die physiologische Anpassung lebender Individuen an äussere
Einflüsse von der Begründung der Phylogenese ausgeschlossen."
(Unke, S. 898.)

Freilich werden uns diese erstaunlichen und die Descendenz-
Theorie vernichtenden Stellen begreiflicher, wenn wir durch GOETTE

---

1) Die inhaltreichen zwei Bände, welche DARWIN „über das Variiren der Thiere
und Pflanzen im Zustande der Domestication" geschrieben hat, und die zahllosen
Thatsachen, die wir sonst noch über die Vererbung von Anpassungen kennen, sind
also „eine Handvoll werthloser Anecdoten!" Armer Darwin!

2) Dass eine künstliche Züchtung existirt, scheint hiernach sowohl GOETTE
wie HIS völlig unbekannt zu sein. Beide wissen nicht oder wollen nicht wissen,
dass der Mensch durch seine Züchtungskunst zahllose neue Formen hervorgebracht
hat, die von ihren Stammformen in viel höherem Maasse abweichen, als sogenannte
„gute Arten" (bonae species) im Naturzustande unter sich verschieden sind. Weder
His noch GOETTE scheinen jemals eine Blumenausstellung oder eine Viehausstellung
besucht zu haben, wo sie die erstaunlichen Veränderungen der gesammten äusseren
Körperform und des inneren Baues hätten beobachten können, die wir durch die Züchtungskunst an den Culturpflanzen und Hausthieren hervorgebracht haben. Und doch
beruht diese Züchtungskunst im Grunde nur auf der Auslese oder Selection, welche
die Vererbung erworbener Veränderungen benutzt. Ohne letztere wäre
erstere ganz unmöglich. Oder gehören diese allbekannten, jeden Augenblick durch
„die gemeine Erfahrung" zu constatirenden Thatsachen alle auch zu jener „Handvoll Anecdoten", die mit dem Versehen Schwangerer auf einer Linie stehen?

3) Leider hat GOETTE uns nicht näher darüber aufgeklärt, in welchen Fällen
das Leben „physiologisch" und in welchen dasselbe „unphysiologisch" ist.

erfahren, dass die Anpassungs- und Vererbungs-Erscheinungen „übernatürliche Vorgänge" sind! (Unke, S. 903.) Wenn aber Anpassung und Vererbung „übernatürlich" sind, dann fürchte ich, wird auch das grosse „Formgesetz", auf das GOETTE alle Entwickelung zurückführt, wohl „übernatürlich" sein; denn: „die Vererbung bedeutet nicht eine Continuität der aufeinander folgenden Generationen, sondern lediglich eine wiederholte Neubildung desselben Formgesetzes" (sic! Unke, S. 901). Allerdings darf ich eigentlich über Vererbung und Anpassung nicht mitsprechen. Zwar habe ich in meiner „Generellen Morphologie" den ersten (und bis jetzt einzigen) Versuch gemacht, die Gesetze der Vererbung und Anpassung strenger zu formuliren und die dunkle physiologische Natur dieser beiden wichtigsten formbildenden Functionen durch Anschluss an die Functionen der Fortpflanzung und Ernährung ein wenig aufzuhellen, sowie ihre Bedeutung für die Entwickelungsgeschichte näher zu erläutern. Allein dieser ernstgemeinte Versuch musste wohl kläglich scheitern; denn „das Ergebniss" von GOETTE's Untersuchung ist, „dass HAECKEL weder eine klare Vorstellung vom Begriff der Vererbung hat, noch diese Erscheinung irgendwie zu erklären vermag" (Unke, S. 894). Auch hat GOETTE fernerhin „gezeigt, dass die von HAECKEL missverstandenen Begriffe der Vererbung und Anpassung zur Begründung der Phylogenie gar Nichts beitragen!" (Unke, S. 904.) Was kann ich nach solchen fundamentalen „Missverständnissen" noch weiter in der Wissenschaft anfangen?[1]

Erwägen wir recht den Sinn dieser Sätze, so werden wir es nur als eine nothwendige Consequenz zu betrachten haben, dass GOETTE auch das biogenetische Grundgesetz und die Phylogenie

---

[1] Sollte der geneigte Leser wegen dieser Vernichtung meiner wissenschaftlichen Competenz durch GOETTE vielleicht eine Anwandlung von Mitleid empfinden, so ersuche ich ihn freundlichst, sich dasselbe für später aufzubewahren. Es wird sich dann Gelegenheit ergeben, dasselbe Mitleid auch noch einer grossen Anzahl von anderen Naturforschern zu spenden, unter denen ich vorläufig nur CARL ERNST BAER, CARL GEGENBAUR und CHARLES DARWIN hervorheben will. Diese Alle und noch viele Andere haben gleich mir trotz vieljähriger Bemühungen kein richtiges Verständniss der Entwickelung erlangen können. Wir Alle haben nämlich das grosse, erst von GOETTE entdeckte „Formgesetz" nicht gekannt, und daher war Nichts natürlicher, als dass wir Alle unser „Ziel verfehlt" haben. Die einzige Entschuldigung, die wir dafür haben, die aber hoffentlich auch GOETTE gelten lässt, liegt in der fehlerhaften und unvollkommenen Beschaffenheit der „Formgesetze", nach denen unsere Gehirne gebildet sind. Freilich wird sich späterhin leider zeigen, dass diese mangelhafte Gehirn-Entwickelung eigentlich allgemein, und dass nur GOETTE's Gehirn davon ausgeschlossen ist.

2

überhaupt nicht anerkennt. Während ich geglaubt hatte, in diesem Grundgesetze der organischen Entwickelung den wahren Causalnexus der Ontogenie und Phylogenie auszudrücken, ist dagegen nach GOETTE „das biogenetische Grundgesetz eine Verleugnung nicht nur jedes ontogenetischen Causalzusammenhanges, sondern selbst der Erscheinungsthatsachen der individuellen Entwickelungsgeschichte" (sic! Unke, S. 903).

Ferner sagt derselbe: „Ich glaube nun allerdings in diesem ganzen Buche bis zu dieser Stelle den Beweis geliefert zu haben, dass die Ontogenese in ununterbrochenem, ursächlichem Zusammenhange auf den allereinfachsten, nicht lebenden Ausgangspunkt sich zurückführen lasse, ohne dass die Phylogenie auch nur erwähnt zu werden brauchte." (Unke, S. 887.) Und um die Phylogenie ausdrücklich von jeder Erklärung morphologischer Erscheinungen auszuschliessen, wiederholt er noch am Schlusse seines Buches den Hauptsatz: „Die individuelle Entwickelungsgeschichte der Organismen begründet und erklärt allein die gesammte Morphologie derselben" (Unke, S. 904).

Angesichts dieser oft wiederholten und unzweideutigen Erklärungen, durch welche die Phylogenie und die Descendenz-Theorie überhaupt in Bausch und Bogen verworfen und als ein schwerer Irrthum hingestellt wird, muss es im höchsten Maasse befremden, dass GOETTE selbst trotzdem wiederholt von starken phylogenetischen Anwandlungen befallen wird. Namentlich im IX. Abschnitt, beim Kopf, spricht derselbe so oft und ernstlich von dessen „phylogenetischer Entwickelung", dass wir fast einen überzeugten Darwinisten zu hören glauben[1]). Allerdings wird niemals irgendwie ein ernstlicher Versuch gemacht, nach phylogenetischer Methode ein Problem zu behandeln; aber schon die blosse Anerkennung, dass es trotzdem eine Phylogenie giebt, erscheint hier völlig unmotivirt und in directem Gegensatz zu der sonst verfolgten Richtung. Wo bleibt da die Logik?

Ebenso unmotivirt und inconsequent ist auch die lobende Anerkennung, die GOETTE hie und da DARWIN und der Descendenz-

----

1) „Die vergleichende Entwickelungsgeschichte der verschiedenen Primordialschädel vermag allein uns den Weg ihrer phylogenetischen Entwickelung anzudeuten" (Unke, S. 717). „Dies sind die Thatsachen, welche uns die individuelle Entwickelungsgeschichte als Richtschnur bei phylogenetischen Untersuchungen überliefert" (S. 741). Später lesen wir sogar zu unserer grössten Ueberraschung, dass „die Phylogenese für jeden einzelnen Organismus eine Nothwendigkeit" ist, und dass „ein Theil der Anpassungen" bei der Phylogenese in Betracht komme" (! Unke, S. 902).

Theorie (wenn auch in spärlichstem Maasse) spendet. So lesen wir
auf S. 848 zu unserer Ueberraschung plötzlich von der „logisch
begründbaren Nothwendigkeit der Descendenz-Theorie". Freilich
wird unsere Freude darüber stark getrübt, wenn wir nirgendwo iu
dieser „Grundlage der vergleichenden Morphologie" eine Erörterung
oder eingehende Anwendung derselben finden, und wenn wir weiterhin auf folgenden Satz stossen: „Dadurch, dass auch Darwin
ein Irrthum nachgewiesen wird, sehe ich seine grossen Verdienste
nicht wesentlich geschmälert, sondern nur in einer anderen Richtung,
als in der mechanischen Begründung der gesammten Descendenz-
Theorie" (Unke, S. 891). Worin diese grossen Verdienste nun aber
beruhen, hat Goette uns bedauerlicher Weise verschwiegen [1]).
    Viel freigebiger als Goette ist dagegen His mit Lobeserhe-
bungen Darwin's und der Descendenz-Theorie. Er erkennt sogar
an, dass „uns durch Darwin's schöpferische Arbeiten die Augen
geöffnet worden sind für die unter unseren Augen fortwährend vor
sich gehenden Neubildungen organischer Formen, und dass wir im
Princip der natürlichen Züchtung einen weitgreifenden Schlüssel in
die Hand bekommen haben zum Verständniss der Ausbildung und
Fixirung besonderer Formen." (Körperform, S. 160.) Ja zu unserem grössten Erstaunen finden wir in diesem neuesten Werke von
His (1875) die Erklärung, dass die Descendenz-Theorie ebenso berechtigt ist, wie seine eigene (mit dieser völlig unvereinbare!)
mechanische Entwickelungstheorie; und dass die von der ersteren
befolgte phylogenetische Methode der Erklärung mit seiner eigenen
„physiologischen" Methode Hand in Hand gehen müsse. „Die physiologische Ableitung der thierischen Körperformen und die Auf-
suchung ihrer phylogenetischen Geschichte sind zwei Aufgaben,
deren Wege für die nächste Zeit getrennt neben einander herlau-
fen. Soweit die an das Descendenz-Princip sich anlehnende phylogenetische Forschung in den Grenzen sich hält, innerhalb deren
auch sie an der Hand zuverlässiger Methoden fortzuschreiten vermag, ist ein Conflict mit physiologischer Forschung kaum jemals
zu befürchten." (Körperform, S. 213) [2]).

----

1) Es wird neuerdings bei den Gegnern der Descendenz-Theorie Mode, Darwin
als grossen Naturforscher zu feiern uud gleichzeitig seine Theorie als ganz haltlos
und verwerflich hinzustellen. Ausgezeichnetes darin hat z. B. Adolf Bastian geleistet (vergl. das Vorwort zur III. Aufl. der „Natürl. Schöpfungsg."). Wenn auch bei so
unklaren Köpfen wie Bastian und Goette diese offenkundige Inconsequenz sich
durch ihre logische Unfähigkeit erklären lässt, so liegt doch in vielen anderen Fällen diesem Verfahren bewusste Heuchelei zu Grunde.

2) Noch merkwürdiger klingt im Munde von His folgender Dithyrambus: „Es

Wir würden uns dieser überraschenden Bekehrung von His zum Darwinismus nur im Interesse der Sache freuen können, wenn dieselbe aufrichtig und wahr wäre. Das ist aber durchaus nicht der Fall; und jene schwungvollen Sätze der Anerkennung sind ebenso, wie bei GOETTE, leere Redensarten, Concessionen an die herrschende Darwinistische Strömung der Gegenwart. In derselben Schrift, über „unsere Körperform", welche die angeführten Lobpreisungen der Descendenz-Theorie enthält, finden wir nicht eine einzige Anwendung derselben; dagegen die ausdrückliche Wiederholung und Betonung der damit völlig unverträglichen „mechanischen" Entwickelungs-Theorie, welche His in seinem früheren Hauptwerke (1868) aufgestellt und damals in richtiger Consequenz als unvereinbar mit der Abstammungslehre bezeichnet hatte.

Obwohl ich nun schon bei verschiedenen Gelegenheiten [1]) auf das völlig Verfehlte der His'schen Entwickelungs-Theorie hingewiesen und ihren unvereinbaren Gegensatz zur Descendenz-Theorie nachgewiesen habe, bin ich doch durch diese neueste Wendung von His gezwungen, abermals darauf zurückzukommen. Als Hauptziel stellt sich His die mechanische Erklärung der Ontogenese, und diese sucht er (mit principiellem Ausschluss der Phylogenese) einzig und allein auf physiologischem Wege dadurch zu erreichen, dass er „ein allgemeines Grundgesetz des Wachsthums" aufstellt. Dagegen wäre nun an und für sich nicht das Geringste einzuwenden und ich speciell könnte mich damit vollkommen einverstanden erklären. Auch ich verfolge ja in allen meinen Arbeiten über Entwickelungsgeschichte das Hauptziel, sämmtliche Erscheinungen der Ontogenesis mechanisch zu erklären, freilich nicht mit Ausschluss, sondern mit Hülfe der Phylogenese; aber ebenfalls auf physiologischem Wege. Ist doch das ganze neunzehnte Capitel der generellen Morphologie bemüht, die beiden formbildefiden Erscheinungen der Vererbung und Anpassung (mit denen die bisherige Schul-Physiologie sich so gut wie gar nicht beschäftigt hat!) als physiologische Functionen der Orga-

bedarf meiner Stimme nicht, um den Aufschwung zu schildern, welchen die organische Naturforschung durch die Einführung der Darwin'schen Principien gewonnen hat, noch um die Grossartigkeit und die Menge der neuen Gesichtspunkte zu preisen, die wir denselben verdanken" (Köperform, S. 176). „Mächtig hat die Descendenz-Theorie eingegriffen in unser gesammtes Wissen und Denken von der organischen Natur. Unser Geist ist befreit worden von Schranken, die ihn durch Jahrhunderte behemmt hatten, unser Gesichtskreis auf das Umfänglichste erweitert, unsere Einsicht in den Zusammenhang der Dinge erheblich vermehrt" (S. 214).

1) Anthropogenie, S. 52, 627. Gastraea-Theorie, S. 7.

nismen nachzuweisen, auf die Functionen der Fortpflanzung und Ernährung zurückzuführen, und als solche mechanisch, d. h. durch chemisch-physikalische Ursachen zu erklären.

Mag ich nun dieses Ziel erreicht haben oder nicht, jedenfalls habe ich dasselbe klar und unzweideutig oft genug ausgesprochen. Ich befinde mich also bei Stellung meiner Hauptaufgabe zunächst ganz auf demselben Boden, wie His, auf dem Boden des Monismus, und erkenne als den auf unser gemeinsames Ziel hinführenden Weg allein den mechanischen, im Gegensatz zum teleologischen an. Denn ich theile die Ansicht Kant's, dass der Mechanismus allein eine wirkliche Erklärung einschliesse, und dass es „ohne das Princip des Mechanismus keine Naturwissenschaft geben kann" [1]).

Auch darin, dass das Wachsthum als nächstes formgestaltendes Princip die gesammte individuelle Entwicklung beherrscht, stimme ich ganz mit His überein. Wir beide erkennen ja damit im Grunde nur den Satz an, welchen Baer schon vor 47 Jahren als das allgemeinste Resultat seiner Forschungen verkündete: „Die Entwickelungsgeschichte des Individuums ist die Geschichte der wachsenden Individualität in jeglicher Beziehung." Aber wie kömmt denn das Wachsthum dazu, in allen den ungezählten Tausenden von organischen Formen überall verschiedene und ewig wechselnde Formen anzunehmen? Hier scheidet sich der Erklärungsweg von His fundamental von dem meinigen; ich wende mich zur Phylogenie, um die historische Entstehung der verschiedenen Wachsthumsformen zu erklären, und suche in der Wechselwirkung der Vererbung und Anpassung den völlig genügenden Erklärungsgrund. His hält diesen „weiten Umweg" für ganz überflüssig und sucht direct die Ontogenie aus sich selbst zu erklären. Er schlägt dabei das bekannte Verfahren von Münchhausen ein, der sich selbst an seinem Zopfe aus dem Sumpfe zieht.

Den empirischen Ausgangspunkt und die constante Basis seiner gesammten, auf dieses Ziel gerichteten Untersuchungen bildete für His (wie für die meisten früheren Ontogenisten) das befruchtete, unbebrütete Hühner-Ei; und dieser Umstand wurde (wie ich schon früher in der Anthropogenie ausgeführt habe), höchst verhängnissvoll. Denn· die flache kreisrunde Keimscheibe des Hühner-Eies, der Discus blastodermicus oder „Blastodiscus", der auf der Oberfläche des unverhältnissmässig grossen kugeligen Nah-

---

rungsdotters ruht, ist keine primäre, sondern eine sehr stark modificirte secundäre Keimform. Ich habe in der Gastraca-Theorie (speciell in dem Abschnitt über „die Gastrula und die Eifurchung der Thiere") den Beweis geführt, dass die ursprüngliche, palingenetische Form des zweiblätterigen Keimes bei sämmtlichen Metazoen die einfachste Gastrula-Form, die Archigastrula ist, und dass alle übrigen Formen desselben, die Amphigastrula, die Perigastrula und die Discogastrula, modificirte cenogenetische Formen sind, durch eine lange Reihe von embryonalen Anpassungen aus jener palingenetischen Urform der Archigastrula entstanden. Was speciell die Discogastrula (oder den zweiblätterigen Blastodiscus) des Hühnchens betrifft, so ist sie, gleich den ähnlichen Keimformen aller anderen discoblastischen Wirbelthiere, auf die Gastrula des Amphioxus als unveränderte Urform der ursprünglich den Acraniern zukommenden Archigastrula zurückzuführen [1]).

[1) Dass die Keimscheibe des Hühnchens der erste Ausgangspunkt und die vermeintliche Basis für die meisten und ausgedehntesten embryologischen Untersuchungen wurde, kann nicht genug beklagt werden. Denn indem diese stark veränderte cenogenetische Discogastrula für die ursprüngliche, massgebende Form des Wirbelthier-Keims gehalten und daraus die weitreichendsten Folgerungen gezogen wurden, gestaltete sie sich zu einer Quelle der gefährlichsten und folgenschwersten Irrthümer. Sehr treffend hat dieses Verhältniss kürzlich A. RAUBER (der frühere Prosector von IIis!) mit folgenden Worten bezeichnet: „So oft auch schon das Hühnchen Gegenstand embryologischer Untersuchungen war, so sind dennoch die ersten Anfänge der Entwickelung nur sehr selten in das Bereich derselben gezogen worden. Gleichwohl unterliegt es ja gar keinem Zweifel, dass gerade diese von fundamentaler Wichtigkeit sein müssen. Nicht weniger fällt es für die Beurtheilung des Werthes der Mehrzahl hühnerembryologischer Arbeiten, insofern sie ontogenetische Ziele verfolgten, in das Gewicht, dass sich dieselben, in einseitiger Richtung erstarrend, gänzlich jener grossen Gesichtspunkte entschlugen, welche durch die bewunderungswürdigen, auf dem Gebiete der Entwickelung niederster Wirbelthiere, insbesondere aber der Wirbellosen gewonnenen Errungenschaften ermöglicht worden sind. In ursächlicher Beziehung macht sich hierbei sehr fühlbar die auch in die Wissenschaft hineinragende Gewalt alter Tradition. Die grössere Reihe vorübergezogener Jahre und die stattliche Zahl der Beobachter vermag auch dem Halbuntersuchten eine unerschütterlich scheinende Festigkeit zu verleihen; sie beirrt allmählich den späteren Forscher und zwingt den Unbewussten in Geleise, die der Nächste nur um so schwieriger durchbrechen wird. So konnte es nicht fehlen, dass in der auf Remak folgenden Periode der Hühnerembryologie strebsame Geister dazu gelangten, die alte Tradition mit mancherlei, theils erfreulicher theils unerfreulicher Zuthat zu bereichern, sie herauszuschmücken, histogenetisch abzuweichen; ja zur Krönung des Werkes den verwegenen Versuch zu machen, mit dem alten wohlgerundeten Hühnerschild ein neu anfluthendes Lichtmeer zu beschwören, zu bekämpfen und zurückzuwerfen. Es war aber immer nur die alte Tradition geblie-

Ganz unbekannt mit diesem höchst wichtigen Verhältniss und die Archigastrula des Amphioxus völlig ignorirend [1]), ging nun His von der Thatsache aus, dass der Discoblastus des Hühnchens eine flach ausgebreitete runde Scheibe ist, nahm ganz willkührlich und im schärfsten Widerspruch mit den Thatsachen an, dass das auch bei allen übrigen Wirbelthieren der Fall sei, und glaubte nun das grosse Problem einer „mechanischen" Erklärung ihrer Ontogenie zu lösen, indem er einfach durch ungleiches Wachsthum und Bildung verschiedenartiger Falten jene Scheibe die verschiedensten Formen annehmen liess. Höchst bezeichnend für diese Stellung und Durchführung seiner Aufgabe ist die zusammenfassende kurze Darstellung, welche er selbst davon in seiner Rede (1870) giebt: „Der Keim des Wirbelthier-Eies ist ein flaches, blattförmiges Gebilde [2]). Dies Gebilde wächst von dem Eintritte der Entwicklung ab fort und fort, es nimmt dabei an Flächenausdehnung und an Dicke zu. Das Wachsthum aber erfolgt nicht überall mit gleicher Energie, es schreitet in den cen-

ben." Rauber, Die Gastrula des Hühnerkeims. Berlin. medicin. Centralblatt, 1875. No. 4.

1) Dass His bis vor Kurzem mit der Anatomie und Ontogenie des wichtigsten und lehrreichsten aller Wirbelthiere, des Amphioxus, völlig unbekannt war, geht aus seinem Hauptwerk und den früheren Arbeiten unzweideutig hervor. Denn nirgends wird der Amphioxus mit einem Worte erwähnt, nirgends die fundamentale Bedeutung desselben für die Entwickelungsgeschichte der Wirbelthiere hervorgehoben. Nachdem ich dies mehrfach gerügt und darauf hingewiesen hatte, dass die Gastrula des Amphioxus „für sich allein schon die ganze künstliche Theorie von His über den Haufen werfe" (Anthropogenie, S. 639), hielt His es für zweckmässig, in seiner neuesten Schrift (1875) das Wichtigste von der Keimesgeschichte des Amphioxus und der Cyclostomen einzuschalten und auch hier den Versuch einer grob-mechanischen Erklärung (im Gegensatze zur phylogenetischen Erklärung) zu wagen (Körperform, S. 178 f. f.). Schwerlich konnte er seinem Buche einen schlechteren Dienst erweisen. Denn damit hat er seine eigensten Ideen auf das Schlagendste widerlegt. Diese gefährlichen Amphioxus - Betrachtungen sind wahre Ichneumon-Eier, und die aus ihnen hervorgehenden Ichneumon-Larven fressen die ganze lange Raupe, die His „Unsere Körperform" nennt, von innen her auf!

2) Der Keim der Wirbelthiere ist wirklich flach und blattförmig nur bei den discoblastischen Abtheilungen dieses Stammes, bei den Vögeln, Reptilien und den meisten Fischen. Nur hier existirt die scharfe Trennung des Nahrungsdotters vom Bildungsdotter, und nur hier liegt der letztere als eine „flache blattförmige Scheibe" auf dem ersteren oberflächlich auf. Dagegen bei den amphiblastischen Amphibien, Cyclostomen u. s. w. ist das nicht der Fall, und am wenigsten bei den archiblastischen Acraniern. Die letzteren (Amphioxus) besitzen noch heute die ursprüngliche glockenförmige Archigastrula, aus welcher jene scheibenförmige Discogastrula erst secundär durch Ansammlung des Nahrungsdotters im Urdarm hervorgegangen ist.

tralen Theilen rascher voran als in den peripherischen. Die nothwendige Folge hiervon muss die Entstehung von Faltungen sein,
da eine sich dehnende Platte nur dann flach bleiben kann, wenn
ihre Dehnung an allen Punkten dieselbe ist. Solche Falten treten
nun, wie oben erwähnt, in der That ein, und mit ihnen die ersten
fundamentalen Gliederungen der Keimscheibe. Nicht nur die Ab-
grenzung von Kopf und Rumpf, von Rechts und Links, von Stamm
und Peripherie, nein auch die Anlage der Gliedmaassen, sowie die
Gliederung des Gehirns, der Sinnesorgane, der primitiven Wirbelsäule, des Herzens und der zuerst auftretenden Eingeweide lassen
sich mit zwingender Nothwendigkeit als mechanische Folgen der
ersten Faltenentwickelung demonstriren." (Rede, S. 31.)

Diese Faltenbildung der Keimscheibe gestaltet sich bei
His zu der Grundursache der Wirbelthierbildung, die das höchst
complicirte Problem ihrer Jahrtausende alten Entwickelung in der
einfachsten Weise „mechanisch" erklären soll. Wodurch aber
diese Faltenbildung und das sie zunächst verursachende ungleiche Wachsthum der einzelnen Keimscheiben-Theile eigentlich be-
wirkt wird, davon erfahren wir bei His kein Wort. Wie ich schon
in der Anthropogenie (S. 627) bemerkte, lässt sich daraus nur das
entnehmen, dass in der Vorstellung von His „die bildende Mutter
Natur weiter Nichts als eine geschickte Kleidermacherin ist. Durch
verschiedenartiges Zuschneiden der Keimblätter, Krümmen und
Falten, Zerren und Spalten derselben, gelingt es der genialen
Schneiderin leicht, alle die mannichfaltigen Formen der Thierarten
durch Entwickelung zu Stande zu bringen." Wenn uns His noch
so genau alle einzelnen Falten, Hauptfalten und Nebenfalten be-
schreibt und als wesentliche Veränderungen der entstehenden Körperform nachweist, so ist damit nicht das Mindeste erklärt.
Denn jeder dieser einfachen ontogenetischen Faltungs-
Processe ist ein höchst verwickeltes historisches Resultat, das durch tausende von phylogenetischen Veränderungen, von Vererbungs- und Anpassungs-Pro-
cessen ursächlich bedingt ist, welche die Vorfahren des be-
treffenden Organismus während Millionen von Jahren durchlaufen
haben.

Freilich wird Jeder, der mit His und mit mir den monistischen Standpunkt theilt, für die Entwickelungsgeschichte, wie für
alle anderen Wissenschaften, im Princip den Anspruch einer mechanischen Erklärung stellen, welche die letzten Ursachen der Erscheinungen in den Bewegungen der Molekeln und Atome findet.

Für die Astronomie, für die Physik, für einen kleinen Theil der Physiologie und für einen **sehr kleinen Theil** der Morphologie, der Anatomie und der Entwickelungsgeschichte, ist diese methodische Forderung auch in Wirklichkeit (wenigstens annähernd) durchzuführen; und diese Wissenszweige gestalten sich so wirklich zu **exacten** Wissenschaften. **Für den bei weitem grössten Theil der Entwickelungsgeschichte und der Morphologie überhaupt, für einen sehr grossen Theil der Physiologie** (z. B. die Psychologie, Gonologie, Chorologie, Oekologie), **für die Sprachwissenschaft und überhaupt für die gesammten Wissenschaften „der historisch-philosophischen Classe"** schwebt jener Anspruch an exacte (oder an mechanische) Behandlung insofern in der Luft, als uns stets die empirischen Materialien, nämlich die ausgestorbenen Organismen fehlen werden, mit deren Hülfe wir allein jene im Princip ganz berechtigte mechanische Erklärung wirklich ausführen könnten. **Die Entwickelungsgeschichte ist eben ihrem ganzen Wesen nach eine historische Wissenschaft,** wie schon ihr Name sagt, und wir werden die Ontogenie keines einzigen Organismus jemals vollständig mechanisch erklären können, weil uns stets die empirischen Materialien der Phylogenie dazu fehlen werden. Niemand ruft uns die vergangenen Geschlechter zurück, deren heutige Epigonen allein einer unmittelbaren naturwissenschaftlichen Erforschung zugänglich sind; und doch haben die ersteren „mechanisch", nämlich durch „Anpassung", im Laufe von Jahrmillionen Eigenschaften erworben, welche die letzteren ebenfalls „mechanisch", nämlich durch Vererbung, von ihnen überkommen haben.

Weil His ebenso wie Goette, und leider die Mehrzahl der jetzigen Ontogenisten, die ungeheure **historische Perspective** nicht kennen, welche wir nur durch Erhebung auf den phylogenetischen Standpunkt erhalten, weil sie keine Ahnung davon haben, wie unendlich verwickelt die historischen Vorbedingungen, die phylogenetischen Ursachen der scheinbar einfachsten ontogenetischen Phaenomene sind, desshalb glauben sie, durch die genaueste physiologische Untersuchung der ontogenetischen Processe allein diese aus sich selbst heraus erklären zu können. So kommt His zu dem naiven Ausspruch: „Die Mechanik der Gestaltung lässt sich wirklich auf ein einfaches Problem zurückführen, auf das Problem nämlich von den Formveränderungen einer ungleich sich dehnenden elastischen Platte" (Hühnchen, S. 52). So gelangt derselbe zu der kindlichen Vorstellung, dass sein „Princip des ungleichen

Wachsthums" (Körperform, S. 19), dass sein „Princip der durchgehenden Grenzmarken" (S. 46), dass sein „Princip der organbildenden Keimbezirke" (S. 19) zu einer wirklichen Erklärung der ontogenetischen Vorgänge führe. So glaubt derselbe, diese „mechanische" Erklärung „exact" in mathematische Formeln gebracht zu haben, indem er durch einen Mathematiker die „Gestaltsveränderung einer unvollkommen-elastischen dünnen Platte, deren verschiedene Theile ein ungleiches Wachsthum haben", genau berechnen lässt! (Hübnchen, S. 191—194) [1]).

Was His im Grunde erstrebt, das ist eine Physiologie des Wachsthums, also ein Theil der Physiontogenie oder der „Keimesgeschichte der Functionen" (Anthropogenie, S. 18). Da dieser ganze Zweig der Entwickelungsgeschichte fast noch gar nicht bearbeitet ist, kann His Anspruch darauf machen, diesen Specialzweig der Physiologie der Keimung zuerst ernstlich in Angriff genommen zu haben; auch werden sicherlich dabei mit der Zeit manche werthvolle Resultate erzielt werden. Nur soll His sich nicht dem Wahne hingeben, damit die Morphologie der Keimung erklärt zu haben. Das Verständniss dieser letzteren kann eben nur durch die Phylogenie erworben werden [2]).

Wie völlig unvereinbar die von His erhobenen Ansprüche aber mit der letzteren sind, habe ich schon früher wiederholt an verschiedenen Beispielen dargethan. Nichts ist vielleicht geeigneter, diesen diametralen Gegensatz in das hellste Licht zu setzen, als seine berühmte „Höllenlappen-Theorie", die eine mechani-

---

1) Es wäre ganz analog, wenn Moltke die Flugbahn sämmtlicher Geschosse, die die Schlacht von Sedan entschieden, genau berechnen liesse, und dann glaubte, diesen welthistorischen Vorgang mechanisch erklärt zu haben! Wir müssen bei dieser Gelegenheit entschieden gegen den Missbrauch der Mathematik protestiren, der mit solchen, angeblich „exacten" Berechnungen in der Biologie nur allzuviel getrieben wird. Viele Naturforscher — und namentlich Physiologen — glauben eine Erscheinung „mechanisch zu erklären", wenn sie irgend eine (womöglich recht complicirte!) mathematische Formel dafür aufstellen! Ob diese äusserlich zutreffende Formel innerlich berechtigt ist, ob überhaupt die fragliche Erscheinung durch eine solche mathematische Formel zu erklären ist, darüber denken diese „exacten Forscher" nicht nach! Besonders reich an solchen pseudo-exacten Erklärungsversuchen ist die Morphologie und Physiologie des Wirbelthier-Skelets, die „Mechanik des Knochengerüstes".

2) Wenn His behauptet, dass „die Entwickelungsgeschichte ihrem Wesen nach eine physiologische Wissenschaft sei" (Körperform, S. 2), so ist das höchst einseitig; mit viel mehr Recht liesse sich das Gegentheil behaupten, dass sie eigentlich eine morphologische Wissenschaft sei! Bisher wenigstens ist sie fast bloss das letztere gewesen!

sche Erklärung der rudimentären Organe geben soll. Während
die Phylogenie in diesen merkwürdigen Organen die verkümmer-
ten und rückgebildeten Reste uralter, längst ausser Dienst getre-
tener Körpertheile erblickt, die bei den älteren Vorfahren wirkliche Functionen ausübten, betrachtet His sie als „embryologische
Residuen, den Abfällen vergleichbar, welche beim Zuschneiden
eines Kleides, auch bei der sparsamsten Verwendung des Stoffes,
sich nicht völlig vermeiden lassen"! (Hühnchen, S. 56.) Höllen-
lappen also, welche die schlaue Schneiderin „Natur" bei Seite
steckt und hinter den Ofen, in die „Hölle" wirft! Nicht minder
komisch ist die „Briefcouvert-Theorie", wonach die vier Ex-
tremitäten der Wirbelthiere, „den vier Ecken eines Briefes ähnlich, durch die Kreuzung von vier, den Körper umgrenzenden Falten" entstehen! (Rede, S. 34). Noch roher womöglich, und in
noch stärkerem Contrast zu der höchst verwickelten Natur des vorliegenden Problems ist die „Gummischlauch-Theorie", wonach die specielle Form des Gehirns und Rückenmarks der Wirbelthiere durch denselben Vorgang entstehen soll, wie die entfernt
ähnliche Gestalt eines Gummischlauchs, welcher gebogen, einge-
knickt, aufgeschlitzt, ausgeschnitten und abermals gebogen wird.
His giebt uns (nach Art eines Kochbuchs) ganz genau das Recept,
wie wir auf diese Weise, durch fünf einfache mechanische Acte,
aus einem Gummischlauch uns ein Markrohr mit den verschiedenen Hirnblasen und Hirnkrümmungen anfertigen können (Körperform, S. 96, 97). Sogar für die Entstehung der Gastrula wird
uns neuestens eine ähnliche „mechanische Erklärung" aufgetischt!
Die Discogastrula der Knochenfische soll durch „Gewölbespan-
nung" entstehen: „Den Grund für die so rasch eintretende Ab-
flachung des Keimgewölbes möchte ich in dem zunehmenden Wachsthum der äquatorialen und subäquatorialen Zone suchen, welche
für das Gewölbe die Stelle des Widerlagers vertreten, und mit deren Ausweitung eine ähnliche Folge eintreten muss, wie beim Wei-
chen der Widerlager eines Steingewölbes" (sic! Körperform, S. 186).
Es ist wohl nicht nöthig, besonders darauf hinzuweisen, in
welchem ungeheuren Missverhältniss bei diesen wie bei anderen
Erklärungs-Versuchen von His die rohe und grob-mechanische Er-
fassung und Behandlung der Aufgabe zu der unendlich feinen und
verwickelten Natur des mechanischen Problems steht. Natürlich
tritt dies Missverhältniss um so auffälliger hervor, je verwickelter
sich im Einzelnen die Aufgabe gestaltet; so z. B. wenn His „die
Entwickelung des Vogelschnabels als eine directe Folge von der

Entwickelung der Vogelaugen" darthut (Körperform, S. 206). Warum nicht umgekehrt? Oder darf man bei den unendlich verwickelten Beziehungen, welche uns die historisch entstandene Correlation der Theile in jedem höher entwickelten Organismus darbietet, beliebig einen einzelnen Theil herausgreifen und seine Formbildung als die directe „mechanische Ursache" der Entwickelung anderer Theile betrachten?

Unnöthig ist es ferner auch wohl, noch besonders hervorzuheben, dass die angeführten und alle ähnlichen Erklärungsversuche mit der Descendenz-Theorie und der aus dieser erwachsenden Phylogenie völlig unvereinbar sind. Unmöglich können Beide freundschaftlich Hand in Hand gehen, wie His in seinem letzten Buche wünscht. Hier heisst es: Entweder — Oder! Entweder ist jedes Organ (nach unserer Auffassung) ein verwickeltes historisches Product, welches im Laufe ungezählter Jahrtausende durch die Wechselwirkung unzähliger Vererbungs- und Anpassungs-Processe endlich zu seiner heutigen Form gelangt ist — Oder dasselbe ist das unmittelbare Resultat von Krümmungs- und Faltungs-Processen, welche nicht phylogenetisch bedingt, sondern der unmittelbare Ausfluss eines, für jedes einzelne Individuum anders beschaffenen „Wachsthums-Gesetzes" sind. Auch hier wieder liefern uns die rudimentären Organe vorzügliche Beispiele zur Erläuterung. Nehmen wir z. B. die menschliche Ohrmuschel! Die Descendenz-Theorie erklärt die Entwickelung und Formbildung dieses höchst variabeln Organs dadurch, dass sie es als den rückgebildeten und grösstentheils oder ganz ausser Dienst getretenen Rest der viel vollkommneren und höher entwickelten Ohrmuschel betrachtet, welche unsere affenartigen und beutelthierartigen Vorfahren — gleich der Mehrzahl der übrigen Säugethiere — besassen und als wichtiges Organ zum Auffangen der Schallwellen vielfach gebrauchten. Indem die Verwendung und Uebung derselben allmählich abnahm, und — besonders beim Culturmenschen — die freien und mannichfaltigen Bewegungen der Ohrmuschel und ihrer einzelnen Theile allmählich ausser Gebrauch kamen, wurde das Organ durch „Anpassung" (nämlich Nichtgebrauch) langsam rückgebildet, trotzdem aber durch „Vererbung" immer noch von Generation zu Generation übertragen. Zahllose einzelne und höchst verwickelte „mechanische" Processe der Ernährung und Fortpflanzung, des Wachsthums und der Bewegung — über die wir aber beim Mangel der paläontologischen Urkunden nur Vermuthungen aussprechen können — müssen natürlich bei diesem complicirten historischen Rückbildungs-Process mitgewirkt haben. Die vergleichende Anatomie der Ohrmuschel muss diese Auffassung lediglich bestätigen, und wir werden mit jener Erklärung zufrieden sein, weil sie uns die Existenz und Beschaffenheit dieses nutzlosen rudimentären Organes an unserem Körper begreiflich macht. Glücklicherweise besitzen wir auch gerade in diesem Falle eine directe — wir dürfen fast sagen — experimentelle — Bestätigung unserer phylogenetischen Erklärung an jenen Hausthieren, bei denen die Ohrmuschel unter dem Einflusse der künstlichen Züchtung rückgebildet ist. Denn alle diejenigen Rassen von Kaninchen, von Hunden, von Wiederkäuern, welche schlaff herabhängende Ohrmuscheln mit rückgebildeten Muskeln besitzen, stammen erwiesener Maassen von domesticirten, ursprünglich wilden Thieren derselben Species ab, welche aufrechte, stark entwickelte und lebhaft bewegliche Ohrmuscheln besassen.

Wenn nun His die Entwickelung der menschlichen Ohrmuschel von seinem Standpunkte aus „physiologisch" zu erklären hätte, so würde er eine Anzahl von Beobachtern anstellen, welche dieses Organ (das bekanntlich bei jedem Individuum andere Formen und Grössenverhältnisse zeigt) auf das Genaueste im Ganzen und in den einzelnen Theilen von Anbeginn seiner ontogenetischen Bildung an verfolgten und durch „Wägung und Messung" eine möglichst „exacte" Darstellung desselben gäben. Darauf würde er eine Anzahl von Mathematikern engagiren, welche die höchst complicirten Curven und Krümmungsflächen der Ohrmuschel, ihrer Knorpel und ihrer Muskeln, ihrer Leisten und Gegenleisten, berechneten. Diese hätten dann nachzuweisen, wie jene höchst verwickelten Formverhältnisse nach einem complicirten „Wachsthumsgesetz" durch „ungleiche Flächenausdehnung einer elastischen Platte", durch Knikkungen und Faltungen, Zerrungen und Spaltungen entstanden. Bei der endlosen individuellen Variabilität, welche die menschliche Ohrmuschel mit den übrigen „rudimentären Organen" theilt, würde natürlich jenes „Wachsthumsgesetz" bei jedem einzelnen Menschen, (wie bei jedem einzelnen Thiere) ein besonderes sein; ja die meisten Menschen würden am rechten Ohre ein ganz anderes Wachsthumsgesetz zeigen, als am linken. Auch fordert ja His ausdrücklich für sein „Wachsthumsgesetz", dass „dessen Kenntniss für jedes Geschöpf besonders anzustreben ist." (Körperform S. 120.)

Wäre nun mit dieser „mechanischen" Erklärung von His (ihre Durchführbarkeit vorausgesetzt!) irgend Etwas für das wirkliche morphologische Verständniss unserer Ohrmuschel und ihrer Ontogenese gewonnen? Ganz ebenso wenig, als wenn His dieselbe als rudimentäres Organ anerkennen, aber mit Ausschluss der Phylogenese durch seine „Höllenlappen-Theorie" erklären wollte. Hingegen wird die phylogenetische Erklärung, welche die Descendenz-Theorie mit Hülfe der vergleichenden Anatomie von der stufenweisen Entstehung, Fortbildung, Umbildung und Rückbildung der Ohrmuschel giebt, uns deren Ontogenese und Formbildung beim Menschen vollständig erklären, trotzdem wir natürlich (bei Mangel des paläontologischen Materials und aller anderen directen Urkunden über die vieltausendjährige Stammesgeschichte der Ohrmuschel) niemals im Stande sein werden, Schritt für Schritt unsere Erklärung „exact" zu beweisen, oder gar in mathematische Formeln zu bringen.

Ein weit einfacheres Beispiel für den Werth und Unterschied unserer beiderseitigen Erklärungsversuche liefert die Entstehung der beiden primären Keimblätter. Ich erkläre dieselbe phylogenetisch dadurch, dass ursprünglich bei der P l a n a e a (der Stammform, welche der Blastula entspricht) eine A r b e i t s t h e i l u n g der Zellen eintrat, welche in einfacher Schicht die Wand der Hohlkugel (Blastosphaera) bildeten. Die vegetativen Zellen (die Stammeltern des Entoderms) übernahmen die Function der Ernährung, die animalen Zellen (die Stammeltern des Exoderms) dagegen die Functionen der Bewegung und Bedeckung. Durch die Invagination des Entoderms in das Exoderm entstand die G a s t r a e a. (Vergl. „die Gastrula und die Eifurchung der Thiere." 12. Abschnitt.) Durch V e r e r b u n g wurde dann dieser ganze phylogenetische A n p a s s u n g s - Process auf die Nachkommen der Gastraea, auf sämmtliche Metazoen übertragen; und bei allen archiblastischen Metazoen wird er noch heute täglich getreu wiederholt, indem zunächst aus der Eifurchung die B l a s t u l a hervorgeht und aus dieser durch Invagination die Gastrula entsteht. Die Discogastrula der discoblastischen Metazoen und ihre Entstehung aus der Discoblastula ist nur zu verstehen, wenn man annimmt, dass diese Keimformen durch cenogenetische Anpassungen aus den ursprünglich erblichen (palingenetischen) Keimformen der Archiblastula und Archigastrula entstanden sind. His dagegen glaubt die Entstehung der zweiblätterigen Discogastrula ganz einfach und direct mechanisch erklären zu können: „Die Ungleichheit in der Flächenausdehnung der verschiedenen Keimscheibenschichten ist der Grund der Blätterspaltung." (Körperform, S. 56). Diese falsche Deutung wird schon dadurch widerlegt, dass die primären Keimblätter überhaupt ursprünglich nicht durch Spaltung (Delamination), sondern durch Einstülpung (Invagination) des Blastoderms sich bilden[1]).

Die neuen Ziele und Wege, welche His in die „physiologische" Entwickelungsgeschichte einführen wollte, sollten nach seiner eigenen Erklärung in der Feststellung von zwei fundamentalen Principien gipfeln: „das Vorhandensein zweier Keime, und die Zurückführbarkeit aller Gestaltung auf ein allgemeines Grundgesetz des Wachsthums" (Hühnchen, S. VI.) Das Letztere ist in seinem wichtigsten und werthvollsten Theile nur eine weitere Ausführung der Ansichten BAER's. Als Versuch einer „Physiologie des Wachsthums" verdienen die bezüglichen Bestrebungen von His, wie schon gesagt, alle Anerkennung. Hingegen erweisen sie sich zur wirklichen Erklärung der morphologischen Entwickelungs-Erscheinungen völlig unzureichend; diese kann eben nur durch die Phylogenie gewonnen werden. Wo His sein Wachsthumsgesetz „dessen Kenntniss für jedes Geschöpf besonders anzustreben ist", direct an die Stelle der letzteren setzen will, da wird es zu einem leeren Wort, gleich dem Formgesetz von GOETTE.

Das zweite neue Princip von His, die Annahme von zwei gänzlich verschiedenen Keimen in dem sich entwickelnden Eie, bildet seine „Parablasten-Theorie." Diese steht in so grellem Widerspruche zu den wichtigsten Thatsachen der vergleichenden Ontogenie (und besonders der Histogenie), dass ein einfacher Hinweis auf letztere zur Widerlegung genügen sollte. Nur dadurch, dass His sich jahrelang ausschliesslich mit der Ontogenie des Hühnchens beschäftigte und die Keimesgeschichte der übrigen Wirbelthiere (vor allen des Amphioxus) völlig ignorirte, lässt sich die Aufstellung jener wunderlichen Hypothese überhaupt begreifen. Da dieselbe aber trotzdem als grosse Entdeckung bewundert wurde und selbst heute noch bei Vielen als solche gilt, müssen wir sie hier doch mit einigen Worten beleuchten.

Die Parablasten-Theorie von His behauptet, dass aus den beiden primären Keimblättern nur das Nervengewebe, das Muskelgewebe und das Epithelial- und Drüsengewebe hervorgehen. Diese Theile nennt er Hauptkeim- oder archiblastische Anlagen und stellt ihnen als fundamental verschieden die Nebenkeim- oder parablastischen Anlagen gegenüber: die Innenwand der sämmtlichen Gefässräume, die Blutzellen, das Bindege-

---

1) Vergl. meinen Aufsatz über „die Gastrula und die Eifurchung der Thiere." Jenaische Zeitschrift für Naturwiss. 1875. Bd. IX, S. 402—508.

webe mit seinen verschiedenartigen Modificationen, das Knorpelge-
webe und das Knochengewebe. Diese parablastischen Theile sollen
nicht aus den beiden primären Keimblättern, sondern unabhängig
von letzteren aus dem „weissen Dotter" des Eies entstehen, und die
angeblichen „Zellen" des letzteren sollen direct von den Granulosa-
Zellen der Ei-Follikel abstammen. Ich habe schon wiederholt hervorgehoben, dass die einfache, von Kowalevsky entdeckte Gastrula des Amphioxus für sich allein schon genügt, die ganze
Parablasten-Theorie über den Haufen zu werfen. „Denn diese
Gastrula lehrt uns, dass alle verschiedenen Organe und Gewebe
des ausgebildeten Wirbelthieres ursprünglich sich einzig und allein
aus den beiden primären Keimblättern entwickelt haben. Der
entwickelte Amphioxus besitzt ein differenzirtes Gefässsystem und
ein im ganzen Körper ausgebreitetes Gerüste von Geweben der
Bindesubstanz, so gut wie alle anderen Wirbelthiere; und doch
ist ein „Nebenkeim", aus dem diese Gewebe im Gegensatze zu
den übrigen hervorgehen sollen, hier überhaupt gar nicht vorhanden!" (Anthropogenie, S. 629.) Trotzdem nun His diesen Ein-
wurf kennt, und trotzdem er in seiner neuesten Schrift über „Unsere Körperform" (1875) selbst die Gastrula des Amphioxus be-
schreibt und abbildet (S. 178), entblödet er sich nicht, gleichzeitig
in derselben Schrift die Parablasten-Theorie als eine seiner wichtigsten Entdeckungen einem weiteren Kreise ausführlich vorzu-
tragen und zu versichern, dass er „weniger als je Grund habe,
von seiner bisherigen Ueberzeugung abzulassen!" (S. 43.) Ich
frage, wie verhält sich dies Verfahren zu der „Zuverlässigkeit
und unbedingten Achtung vor der thatsächlichen Wahrheit,"
welche His mir abspricht und „unter allen Qualificationen eines
Naturforschers für die einzige erklärt, welche nicht entbehrt werden kann?" (S. 171.) His begeht hier wissentlich eine starke
und den nicht eingeweihten Leser absichtlich irre führende
Unwahrheit! Besonders hervorzuheben ist übrigens, wie His
selbst seine beiden höchsten Principien in Collision bringt und wie
er die allgemeine Gültigkeit seines „allumfassenden Wachsthums-
gesetzes" durch die Parablasten-Theorie selbst vernichtet. Darüber lässt folgender Satz keinen Zweifel: „In der That lässt sich
nur für die Bildungen archiblastischen Ursprungs (Nerven, Muskeln, Epithelien) von einem eigenthümlichen Gesetze des Wachsthums reden. Alle parablastischen Gewebe: Gefässröhren, Bindegewebe, Knorpel, Knochen, sind in ihrer Entwickelung abhängig
von den archiblastischen." (Körperform, S. 127.) Also die Wir-

belsäule, der Schädel, das Gliedmaassen-Skelet, das Herz, die
Blutgefässe u. s. w. haben kein eigenthümliches Gesetz des Wachsthums, während jedes Haar, jede Drüse, jeder Nerv, jeder Muskel
sich eines solchen erfreut? In der That, diese wichtige Entdeckung vernichtet die Hälfte der vergleichenden Anatomie! Denn
da alle jene parablastischen Theile wild und gesetzlos aufwach-
sen, bloss von den archiblastischen Epithelien, Nerven und Muskeln abhängig, so ist alle die unendliche Mühe und Arbeit, welche
CUVIER, JOHANNES MÜLLER, GEGENBAUR, HUXLEY und Andere
auf die vergleichende Osteologie und Angiologie verwendet haben,
vergeblich gewesen!

Zu welchen unglaublichen Folgerungen übrigens HIS selbst
durch seine Parablasten-Theorie gedrängt wird, zeigt am besten
wohl der folgende erstaunliche Satz: „Während Du nicht im Stande
sein wirst, Dir einen lebenden Thierkörper zu denken ohne Nervensystem, ohne Muskeln und ohne Drüsen, kannst Du Dir gar
wohl einen solchen vorstellen, in welchem Bindegewebe, Knochen
und Knorpel durch anderes Material von gleichen physikalischen
Eigenschaften (durch Leder, Holz, Leinwand u. s. w.) ersetzt sind,
und in dem selbst an Stelle des Blutes eine Lösung bestimmter
chemischer Stoffe kreist." (Körperform, S. 43.) Beim ersten Lesen dieses beispiellosen Satzes weiss man nicht, ob man mehr über
die in der These sich entblössende Unwissenheit oder über die
in der Antithese kundgegebene Kühnheit erstaunen soll! HIS
weiss also nicht einmal, dass ganze grosse Thierclassen: die Infu-
sorien, die Rhizopoden, die Spongien, zahlreiche Acalephen (Hydra
u. s. w.) „ohne Nervensystem, ohne Muskeln und ohne Drüsen als
lebende Thierkörper" existiren? Ja, er kann sich diese Thierkörper, deren ihm völlig unbekannte Organisation jeder Anfänger in
der Zoologie kennt, nicht einmal als möglich vorstellen? Nach
seinem eigenen Geständniss ist er dazu nicht im Stande! Eine
ganze grosse Gruppe also von höchst wichtigen Organisationser-
scheinungen, die nicht nur für die Anatomie, sondern auch für die
Physiologie, und vor allen für die Entwickelungsgeschichte, das
höchste Interesse besitzen, kennt er nicht und erklärt er a priori
für undenkbar! Dagegen wird es ihm leicht, sich einen lebenden
Fisch, einen lebenden Vogel, einen lebenden Menschen vorzustellen,
in welchem das Knochengerüst durch ein ebenso geformtes Holz-
gerüst vertreten wird; in welchem die Bänder und Blutgefässröh-
ren aus Leder, die Fascien aus Leinwand bestehen; und in
welchem das Blut durch rothe Tinte ersetzt ist!!

Wir würden diese unglaubliche Rohheit physiologischer
und morphologischer Vorstellungen für unbegreiflich halten (— besonders bei einem Anatomen, der die Vorlesungen von JOHANNES
MÜLLER, ROBERT REMAK, RUDOLPH VIRCHOW und ALBERT KÖLLIKER
gehört hat! —) wenn wir sie uns nicht hinreichend durch den beherrschenden Einfluss des „hochverehrten" CARL LUDWIG erklären
könnten. Dieser „grosse" Physiologe, welchem WILHELM HIS „Unsere Körperform" gewidmet hat [1]), zeichnet sich bekanntlich ebenso
sehr durch feine Technik in der Kunst des Experimentirens und
durch sinnreiche Erfindung physiologischer Apparate, wie durch die
naive Rohheit seiner allgemeinen biologischen Anschauungen und
durch seine sprichwörtliche Unbekanntschaft mit dem Gesammtgebiete der Morphologie aus. Allerdings ist diese oft angestaunte
Unwissenheit, die CARL LUDWIG in der eigentlichen Natur-Ge-
schichte, in der vergleichenden Anatomie und Entwickelungsgeschichte zur Schau trägt, insofern vollkommen berechtigt, als nach
seiner Ansicht „die Morphologie ohne alle wissenschaftliche Berechtigung, höchstens eine künstlerische Spielerei ist!" Da nun aber ausser der systematischen Zoologie und Botanik, ausser der vergleichenden Anatomie, ausser dem vergleichend
morphologischen Theile der Histologie auch fast die gesammte Entwickelungsgeschichte (soweit sie bis jetzt cultivirt ist!) zur Morphologie gehört, so ist auch die Entwickelungsgeschichte
ohne alle wissenschaftliche Berechtigung, eine leere
Spielerei!

„Solche Lehren von CARL LUDWIG sind falsch und verwerflich, blosse Uebergriffe, die mit aller Entschiedenheit zu-
rückgewiesen werden müssen. Man braucht nicht einmal hervorzuheben, wie anmaassend es ist, in solcher Weise die grossartigen wissenschaftlichen Leistungen eines CUVIER, JOHANNES MÜLLER,
RATHKE, RICHARD OWEN, MILNE EDWARDS u. v. A., die ja alle
auf dem morphologischen Standpunkte standen, in Frage zu stellen, wie engherzig und egoistisch es erscheint, einer schon

---

1) „Was der Freund dem Freunde schrieb, widmen Beide ihrem hochverehrten
CARL LUDWIG zur Feier des 25jährigen Lehramts den 15. October 1874." HIS ahnte
dabei wohl nicht die grausame Selbstironie, die er beging. Dann was bedeutet ein
Buch über unsere „Körperform" für einen „exacten" Physiologen, der überhaupt
die Körperform für völlig bedeutungslos und für gar kein Object wissenschaftlicher
Forschung erklärt? Oder sollte nur das beruhigende Gefühl ihn zu dieser Widmung
veranlasst haben, dass LUDWIG in der That noch viel unwissender und unerfahrener
in der Morphologie ist, als HIS selbst?

nach ihren Resultaten so wohlberechtigten Richtung der Naturforschung den Werth abzusprechen! — Wie eine andere Untersuchung, als eine morphologische, die Aufgabe (die Gesetze des
Baues nachzuweisen) ihrer endlichen Lösung zuführen könne, kann
gewiss Niemand begreifen. Mag dieselbe auch nicht die Exactheit
der physikalischen Untersuchung theilen, mag in ihr die Gefahr
eines Irrthums auch immerhin weit grösser sein, als dort — wir
können ihrer nicht entbehren, weil sie die einzige ist, die hier
zum Ziele führt!"
Wer wagt es solche Worte gegen den „hochverehrten", hoch-
berühmten CARL LUDWIG zu schleudern? Niemand anders, als
RUDOLF LEUCKART, der gegenwärtig an derselben Universität Leipzig die wissenschaftliche Zoologie vertritt, an welcher CARL LUDWIG
die einseitigste und beschränkteste Richtung der Physiologie, und
WILHELM HIS eine entsprechende „physiologische" Richtung der
Anatomie vertreten. Zwar sind Jahre verflossen, seitdem LEUCKART,
durch einen starken Angriff LUDWIG's provocirt, die Rechte der
Morphologie so energisch wahrte [1]). Aber LUDWIG's Verhältniss
zur Morphologie, seine Unkenntniss ihrer wichtigsten Thatsachen

---

1) RUDOLF LEUCKART hatte 1848 eine kleine, auch heute noch lesenswerthe
Schrift „Ueber die Morphologie der wirbellosen Thiere, ein Beitrag zur Classification und Charakteristik der thierischen Formen" veröffentlicht. Diese Schrift, die
ich persönlich unter den zahlreichen werthvollen Arbeiten LEUCKART's für die bedeutendste und weitsehendste halte, wurde von CARL LUDWIG in SCHMIDT's „Jahr-
büchern der Medicin" (1849, Bd. 62, S. 341) in einer Weise kritisirt, die des letzteren einseitigen und beschränkten Standpunkt in charakteristischer Weise blosslegte.
LEUCKART antwortete hierauf in einem geharnischten Artikel, betitelt: „Ist die Morphologie denn wirklich so ganz unberechtigt?" (Zeitschr. für wiss. Zool. 1850,
Bd. II, S. 271). Zugleich fügte derselbe einen, in dieser Angelegenheit an ihn
gerichteten, trefflichen Brief des würdigen HEINRICH RATHKE bei, der in bescheiden-
ster Form die ganze Leerheit der wissenschaftlichen Auffassung und die inneren
Widersprüche des Ideen-Ganges von LUDWIG kennzeichnet und zu seiner Entschuldigung nur seine Unwissenheit in der Literatur der Zoologie anführt; seine Unbekanntschaft mit den Wegen und Zielen dieser Wissenschaft, von der ja auch die
Physiologie nur ein kleiner Theil ist. Die Entwickelung der Wissenschaft selbst seit jenem Streite hat entschieden, auf welcher Seite das Recht war.
Die Morphologie hat sich an Inhalt und Umfang unendlich erweitert; und indem
sie sich der Descendenz-Theorie bemächtigte, uns den tiefsten Blick in die Geheim-
nisse des Lebens erschlossen. Die Physiologie, die sich von letzterer abwendete,
ist innerhalb eines engen und beschränkten Forschungsgebietes stehen geblieben
(Vergl. Anthropogenie, S. 14, 131). Ich erinnere mich hierbei noch mit Vergnügen
eines Gespräches mit JOHANNES MÜLLER, das ich kurze Zeit vor seinem Tode mit
ihm hatte, und worin er die bevorstehende Ueberflügelung der Physiologie durch
die Morphologie prophetisch vorhersagte.

3 *

und seine Geringschätzung ihrer höchsten Ziele sind dieselben geblieben, und offenbaren sich noch heute in seiner gesammten Wirksamkeit. „Unsere Körperform" von His ist nur ein neues Zeugniss dafür!

Nach meiner Auffassung ist die Entwickelungsgeschichte der organischen Körperformen ebenso wie die vergleichende Anatomie eine morphologische Wissenschaft, keine physiologische, wie His will. Ich werde darauf noch einmal später zurückkommen. Im Uebrigen erscheint mir bei diesem schroffen Gegensatze unserer beiderseitigen Standpunkte eine weitere Erörterung unserer Differenzen nutzlos, und ich hätte schliesslich nur noch ein Wort der Vertheidigung gegen die schweren Vorwürfe der Unwahrheit und der Fälschung zu sagen, die mir His nach dem Vorgange seines Freundes Rütimeyer macht. Ich soll diese schwere „Versündigung gegen wissenschaftliche Wahrheit" in meiner „Natürlichen Schöpfungsgeschichte" durch zweierlei Acte begangen haben, durch Behauptung von Deductions-Schlüssen und durch Mittheilung schematischer Zeichnungen. Was zunächst die Deductions-Schlüsse betrifft, so weiss ich sehr wohl, dass die sogenannten exacten Physiologen dieselben überhaupt für unstatthaft erklären; obgleich sie dieselben unbewusst in der Wissenschaft wie im Leben tagtäglich anwenden. Wenn His die Schriften Immanuel Kant's oder auch nur einmal die inductive Logik von Stuart Mill gelesen hätte, (was ihn überhaupt vor vielen Fehlern bewahrt haben würde), so würde er auch richtigere Ansichten über den Werth der Inductions- und Deductions-Schlüsse besitzen. Da ihm jedoch das Verständniss für philosophische Verstandes-Operationen überhaupt fehlt, so erscheint auch darüber eine weitere Auseinandersetzung überflüssig. Man lese nur die wunderbaren Erörterungen, die His über „Raum und Zeit", über den Begriff der Entwickelung, über den Begriff der Erklärung u. s. w. giebt. Als eines der schwersten Verbrechen wirft mir His die Abbildung zweier menschlicher Embryonen vor (Anthropogenie, S. 272), „bei welchen eine Allantois (beim Menschen bekanntlich nie in Blasenform sichtbar!) als ansehnliches Bläschen nicht allein abgebildet, sondern ausdrücklich beschrieben wird" (Körperform, S. 170). Ich hatte mir hier folgenden Inductions- und Deductions-Schluss erlaubt: Die Allantois, ein sehr wichtiges, embryonales Organ, ist allen Wirbelthieren der drei höheren Classen, Reptilien, Vögeln und Säugethieren gemeinsam. Beim Menschen und bei allen höheren Säugethieren entwickelt sich aus dieser Allantois die

bedeutungsvolle „Placenta", wesshalb man diese ganze Gruppe
„Placentalien" nennt. Ueberall, wo man die Entwickelung der Allantois genau verfolgt hat, tritt sie zuerst als eine birnförmige,
mit Flüssigkeit gefüllte Blase auf, und die vergleichende Anatomie belehrt uns überdies, dass sie phylogenetisch aus der Harn-
blase der Amphibien entstanden ist. Einzig und allein beim Menschen war die blasenförmige Anlage der Allantois bisher noch
nicht beobachtet, und zwar aus dem einfachen Grunde, weil
die Blasenform hier rasch vorüber geht, und weil überdies menschliche Embryonen aus so früher Zeit der Entwickelung selten un-
tersucht und stets mehr oder minder beschädigt waren. Dass
trotzdem auch beim Menschen die erste Anlage der Allantois bla-
senförmig sein muss, ergiebt sich aus der vollständigen Ueberein-
stimmung, welche seine Placenta mit derjenigen der nächstver-
wandten Säugethiere, der Affen, besitzt. Hierauf stützte sich meine
Darstellung in der Anthropogenie. Erst ein Jahr später wurde die
blasenförmige Allantois des Menschen, ganz entsprechend meiner
Darstellung, wirklich beobachtet (von Professor KRAUSE in Göt-
tingen) und somit mein Deductions-Schluss nachträglich bestätigt.[1])

Was zweitens die Mittheilung schematischer (und zum
Theil schlechter) Abbildungen in der Natürlichen Schöpfungsgeschichte und der Anthropogenie betrifft, so behalte ich
mir eine nähere Erörterung dieser schweren (von meinen Gegnern
mit grosser Vorliebe breit getretenen) Versündigung für eine andere Gelegenheit ausdrücklich vor und bemerke hier nur, dass ich
für didaktische Zwecke (besonders einem grösseren Publicum
gegenüber) einfache schematische Figuren für weit brauchbarer
und lehrreicher halte, als möglichst naturgetreue und sorgfältigst
ausgeführte Bilder. Denn erstere geben das Wesentliche der durch
die Figur zu erläuternden Vorstellungsreihe wieder, und lassen
alles Unwesentliche bei Seite, während die letzteren dem Leser die
klare (und oft sehr schwere) Unterscheidung des Wichtigen und Un-
wichtigen im Bilde allein überlassen. Aus den wenigen und einfachen
schematischen Figuren, welche BAER in seiner classischen „Entwickelungsgeschichte der Thiere" gab, hat die Morphologie unendlich mehr
Belehrung und Erkenntniss geschöpft, als sie aus allen den zahlreichen und höchst sorgfältig ausgeführten Bildern von HIS und GOETTE
zusammengenommen jemals schöpfen wird! Auch finden ja in allen

---

1) Krause, Ueber die Allantois des Menschen. Arch. für Anat. und Physiol.
1875. p. 215, Taf. VI.

Hand- und Lehrbüchern schematische Abbildungen allgemein die aus-
gedehnteste Anwendung, und wenn es mir His als schwerstes Verbrechen vorwirft, dass meine schematischen Figuren e r f u n d e n sind,
so gilt dieser Vorwurf für jene alle in ganz gleicher Weise. A l l e
s c h e m a t i s c h e n A b b i l d u n g e n sind als solche erfunden;
auch diejenigen, welche His bisweilen (wenn auch selten) verwendet.
Sie alle versinnlichen eine ideale Abstraction auf Kosten der con-
creten Thatsachen, die dabei nothwendig mehr oder minder ent-
stellt werden [1]).

Ich gestehe gern ein, dass ich in dem Gebrauche schematischer Figuren dann und wann zu weit gegangen bin und bedaure
auch sehr, dass viele davon (theils durch meine eigene Schuld,
theils durch die Schuld des Holzschneiders) recht schlecht ausge-
fallen sind. Wenn ich darin aber auch noch so sehr gefehlt hätte,
so folgt daraus doch nicht das Geringste für die Falschheit der
Vorstellungen, die durch jene Abbildungen erläutert werden sollen.
Ich bestreite His und meinen übrigen Gegnern entschieden das
Recht, jene schlechten Abbildungen zum Angelpunkte ihrer ganzen
Polemik zu machen und behaupte, dass dadurch meine allgemeinen Ansichten über „Ziele und Wege der Entwickelungsgeschichte"
nicht im Mindesten berührt werden. Es ist e i n k l ä g l i c h e r
u n d v e r ä c h t l i c h e r K u n s t g r i f f, in einer wissenschaftlichen
Polemik, in der es sich um die w i c h t i g s t e n p r i n c i p i e l l e n
G e g e n s ä t z e, ja um das Sein oder Nichtsein der ganzen N a t u r-
a n s c h a u u n g handelt, durch solche nebensächliche Schwächen,
wie es schlechte Abbildungen sind, den Gegner widerlegen zu
wollen und durch deren Darlegung ihn für überwunden zu erklären. His geht in den seitenlangen Erörterungen hierüber so weit,
dass er schliesslich mich darauf hin aus dem Kreise „ernsthafter
Forscher" geradezu ausschliesst: „Mögen Andere in Herrn HAECKEL
den thätigen und rücksichtslosen Parteiführer verehren, nach mei-
nem Urtheil hat er durch die Art seiner Kampfführung selbst auf
das Recht verzichtet, im Kreise ernsthafter Forscher als Eben-
bürtiger mitzuzählen (Körperform S. 171).
    Dieses vernichtende Urtheil von His ist allerdings für mich

---

1) Dies gilt insbesondere auch von den schematischen Figuren, welche RÜT-
MEYER auf das Heftigste angegriffen hat. Diese veranschaulichen bildlich eine Thatsache, die schon BAER mit klaren Worten behauptete: nämlich die formale Identität verschiedener Wirbelthier-Embryonen in sehr frühen Entwickelungs-Stadien.
Vergl. meine Antwort darauf im Vorwort zur III. Auflage der „Natürlichen Schöpfungsgeschichte".

fürchterlich! Nun, wenn ich aus dem Kreise ernsthafter Forscher durch diesen Rhadamanthys-Spruch ausgeschlossen bin, dann wird mir wohl Nichts übrig bleiben, als der Uebergang in das Lager der scherzhaften Forscher, und der Versuch, der Naturwissenschaft auf meine Weise mit Humor zu dienen! „Ein Jeder dient ihr auf besondre Weise"! Warum auch nicht? Kann der ernsteste Forscher beim Nachdenken über die tiefsinnigen Theorien von His, die ich als Höllenlappen-, Briefcouvert-, Gummischlauch-Theorie u. s. w. bezeichnet habe, ernst bleiben? Oder kann ein kenntnissreicher und urtheilsfähiger Forscher ernst bleiben angesichts des erheiternden Unsinns, der jetzt tagtäglich unter der Firma ernster Wissenschaft zur Widerlegung der Entwickelungs-Theorie auf den Markt gebracht wird? Man lese nur den neuen „Schöpfungsplan", den uns Louis Agassiz noch nach seinem Tode in einem kürzlich erschienenen, von Giebel übersetzten und eingeführten Buche offenbart hat! Man lese das geistreiche neueste Werk von Adolf Bastian über „Schöpfung oder Entstehung"; oder die halsbrechenden Evolutionen von Michelis in seiner heiteren „Haeckelogonie"; oder den gehäuften Unsinn in dem dicken Buche von Wigand: „Der Darwinismus und die Naturforschung Newtons und Cuviers." Welche reiche Quelle der Erheiterung und der vergleichend-psychologischen Gemüths-Ergötzung!

Ich meinestheils gestehe hier offen, dass ich diese und viele ähnliche Erzeugnisse der heutigen Tages-Literatur als dankbare Quellen „ungeheurer Heiterkeit" benütze. Wozu sollen wir uns auch in diesem irdischen Jammerthale, das ja Noth und Plage genug bietet, noch über all' den Unsinn und die Bornirtheit ärgern, die in der Wissenschaft mit so viel Anmaassung und Eitelkeit sich breit machen? Viel besser und vortheilhafter ist es, diese mit Humor zu ertragen und auf den später stets eintretenden Sieg der Vernunft zu hoffen! Wenn der Dichter sagt: „Ernst ist das Leben, Heiter ist die Kunst", so behaupte ich, dass das letztere auch für die Wissenschaft theilweise gilt, wenigstens für die Zoologie im heutigen Zustande, sogar mit Inbegriff der „exacten" Physiologie! Besser ist es fürwahr, mit Demokrit über die Thorheiten der Menschen (und der Professoren insbesondere!) zu lachen, als mit Heraklit darüber zu weinen! Ja ich schmeichle mir sogar mit der Hoffnung, selbst Wilhelm His aus der Reihe der ernsthaften zu derjenigen der scherzhaften Forscher herüber zu ziehen, wenn ich mich jetzt zur näheren Beleuchtung meines zweiten Hauptgegners, Alexander Goette wende.

Die Auseinandersetzung mit GOETTE wird uns allerdings zunächst etwas schwieriger werden, als mit HIS. Denn während bei HIS sich ein klares und bestimmtes Ziel überall erkennen lässt, auf das derselbe mit stetiger Beharrlichkeit und consequenter Logik hinarbeitet, während seine Darstellung im Ganzen klar und verständlich, die Gliederung der Aufgabe sorgfältig durchgeführt ist, finden wir bei GOETTE von dem Allen das Gegentheil: als Ziel ein leeres Wort in nebelhafter Verschwommenheit; die Wege zum Ziele widerspruchsvoll, unbestimmt; die Darstellung im höchsten Grade unklar, verworren und zum grossen Theile geradezu unverständlich. HIS hält im Allgemeinen den von mir getheilten Standpunkt des Monismus streng fest; GOETTE hingegen bekennt sich durchweg zum Dualismus und zwar zu einem Dualismus der gröbsten Sorte! Wie wir schon früher zeigten, sind zwar HIS und GOETTE in dem negativen Hauptpunkte einverstanden, dass die Descendenz-Theorie und mit ihr die Phylogenie ganz zu verwerfen sind; aber ihre positiven Ziele und Wege sind völlig verschieden. HIS sucht dieselben im Gebiete der Physiologie, GOETTE hingegen in dem der Morphologie; kündigt doch der Letztere sein grosses Reformwerk geradezu als die neue „Grundlage einer vergleichenden Morphologie der Wirbelthiere" an. Was es mit dieser „Grundlage" für eine Bewandtniss hat, werden wir nachher sehen. Zunächst scheint es mir das Zweckmässigste, aus der ungeheuer voluminösen, schön gefärbten, aber schwammigen und geschmacklosen Wassermelone, die uns GOETTE als reife Frucht seines vieljährigen Fleisses zu kosten giebt, die winzigen, schalen und flachen Kerne herauszuschälen, an denen sich die wahre Natur dieses monströsen Treibhausgewächses erkennen lässt.

Als ersten und wichtigsten Angriffspunkt müssen wir zunächst den groben Dualismus hervorheben, in welchem GOETTE's gesammte Naturanschauung befangen ist. Er selbst stellt diese dualistische Weltanschauung der von mir vertretenen monistischen schroff gegenüber, und der wichtigste Theil seiner gegen mich gerichteten Polemik sucht den Monismus zu widerlegen, wie ich ihn in der „Generellen Morphologie" als Grundlage der naturwissenschaftlichen Weltanschauung hingestellt und besonders zur mechanischen Begründung der organischen Formenwissenschaft verwendet habe. Daher wird von ihm vor Allen zunächst das zweite Buch der Generellen Morphologie bekämpft, und in diesem namentlich das fünfte Capitel: „Organismen und Anorgane".

Nach GOETTE's Anschauung ist die organische Natur von der

anorganischen grundverschieden. Nur in der letzteren sind die physikalischen und chemischen Eigenschaften der Materie die alleinige Ursache der Bewegungen und Formerscheinungen, die wir wahrnehmen. In den organischen Naturkörpern hingegen bilden die physikalischen und chemischen Eigenschaften nur den einen Hauptfactor, der ihre Formerscheinung bedingt; zu diesem kommt noch „von aussen hinzu" ein zweiter Hauptfactor, der im Gegensatz zu dem ersteren thätig ist, und diesen nennt er das „Formgesetz". Mit der Erfindung dieses merkwürdigen „Formgesetzes" ist GOETTE's Weisheit erschöpft. Auf dieses Formgesetz wird die gesammte Entwickelung der Organismen zurückgeführt; durch dieses Formgesetz sollen alle Wunder der organischen Natur erklärt werden; dieses Formgesetz soll von jetzt an die Grundlage der Entwickelungsgeschichte bilden. Sehen wir uns daher vor Allem die Natur dieses allmächtigen und allweisen „Formgesetzes" etwas näher an. GOETTE selbst giebt uns darüber folgende Aufklärung: „Das Formgesetz ist die eigentliche und wesentliche Grundursache der organischen Entwickelung". (Unke, S. 573.) „Die Individualität ist der physiologische Ausdruck des Formgesetzes" (S. 575). „Das Formgesetz ist niemals inhärente Eigenschaft des Stoffes" (S. 899). „Das Formgesetz ist der Inbegriff der rein mechanischen Momente, welche die lebendigen Kräfte der sich lösenden Dottersubstanz zu den einheitlichen Formleistungen der Entwicklung zwingen und dadurch mittelbar in derselben die einzelnen Lebensthätigkeiten erzeugen und zur individuellen Einheit verbinden." (! S. 844.) „Das Formgesetz wird mit jedem Verbrauch eines Formtheils durchbrochen" (S. 848). „Das Wesen der Entwickelung besteht in der vollständigen, aber ganz allmählichen Einführung eines neuen, von aussen bedingten Momentes, eben des Formgesetzes, in die Existenz gewisser Naturkörper." (S. 604.) Die vorstehenden, wörtlich angeführten Sätze sind nur eine kleine Blumenlese aus den mystischen Offenbarungen, die uns der grosse Erfinder des „Formgesetzes" über dessen Natur spendet. Aber sie genügen, (zumal GOETTE selbst sie durch gesperrte Schrift als Hauptsätze hervorhebt) unsere ketzerischen Zweifel an der Neuheit, wie an der Unfehlbarkeit dieses neuen Dogma zu begründen. Eines geht nämlich aus obigen Sätzen zunächst klar und unzweifelhaft hervor: Goettes Formgesetz ist Nichts Anders, als das alte und längst aufgegebene Dogma der Lebenskraft.

Allerdings behauptet Goette ausdrücklich, dass in seinem Formgesetze „kein irgendwie ausserempirischer, etwa teleologischer Eingriff in die natürlichen, d. h. naturnothwendigen Wirkungen des Dotterstoffes enthalten sei" (S. 572). Ja, mit unglaublicher Naivetät polemisirt er selbst gegen die Lebenskraft und nennt sie eine „krasse Negation jeder Empirie". Und doch brauchen wir in der That nur in seiner eigenen Darstellung der Lebenskraft statt deren das Wort „Formgesetz" zu stellen, um dessen eigenstes Wesen zu kennzeichnen [1]. Halten wir vor Allem daran fest, dass das Formgesetz ein immaterielles Princip ist, „niemals inhärente Eigenschaft des Stoffes"; und heben wir zweitens hervor, dass dieses immaterielle Princip als ein neues, von aussen bedingtes Moment in die Existenz des nicht lebenden Organismus eingeführt wird. Man kann kaum deutlicher das metaphysische Princip bezeichnen, welches früher als „Lebenskraft" in der Naturwissenschaft eine so mächtige Rolle spielte, und welches in der dualistischen Vorstellung des täglichen Lebens als „Seele" den Körper belebt. In der That brauchen wir bloss statt „Formgesetz" das Wort „Seele" zu setzen, um jedem Laien begreiflich zu machen, was Goette unter ersterem versteht.

Dadurch, dass Goette sich gegen das berüchtigte Wort „Le-

---

1) Den Gegensatz der dualistischen und monistischen Naturanschauung, zwischen welchen Goette — obgleich Dualist vom reinsten Wasser — mitten inne zu stehen meint, bezeichnet er selbst mit folgenden Worten: „Noch immer machen sich bei der Betrachtung des Lebens und bei der Untersuchung seiner Ursachen und Bedingungen zwei entgegengesetzte Auffassungen unter den Naturforschern geltend. Die ältere hält daran fest, dass für die Entstehung und Erhaltung des Lebens die blossen Stoffe und ihre Kräfte nicht genügen und dass dazu noch ein besonderes Moment hinzukomme. Dieses Moment bezeichnete man früher als Lebenskraft und stand nicht an, derselben nicht nur ein nicht empirisches, aussernatürliches Wesen zuzuschreiben, sondern sie auch in derselben Weise in den natürlichen empirisch-fassbaren Verlauf der Erscheinungen eingreifen zu lassen. Nachdem die Unhaltbarkeit dieser krassen Negation jeder Empirie erkannt war, suchte man das Princip in der Weise zu wahren, dass man im gesetzlichen Zusammenhange der Erscheinungen ein auf deren Substrat nicht zurückführbares Moment, den „Zweck" anzuerkennen fortfuhr. Der gediegenste Fürsprecher dieser Lehre, Baer, hat jüngst dafür den Ausdruck „Zielstrebigkeit" vorgeschlagen. Gegen die Annahme einer unnatürlichen Lebenskraft oder des Endzweckes überhaupt entwickelte sich mit der Lebhaftigkeit eines Extrems die Lehre, dass die Lebenserscheinungen gerade ebenso wie die Vorgänge in der anorganischen Natur lediglich aus den besonderen Stoffen und ihren Eigenschaften zu erklären seien. Der hervorragendste Kämpfer dieser Richtung in unsrer Zeit und Wissenschaft ist Haeckel. Aus meinen bisherigen Erörterungen wird wohl bereits erhellen, dass ich keiner von den beiden genannten Auffassungen beistimme" (Unke, S. 575).

benskraft" sträubt und deren Identität mit seinem Formgesetz einfach leugnet, vermag er diese unzweifelhafte Identität nicht aufzuheben. Denn zwischen Einheit und Zweiheit, zwischen Monismus und Dualismus, zwischen materiellen und immateriellen Principien giebt es kein Drittes. Freilich erklärt er an der unten angeführten Stelle, in welcher er meinen Monismus der (angeblichen) Teleologie BAER's gegenüber stellt, dass er keiner von beiden „extremen" Auffassungen beistimme, sondern in der Mitte zwischen beiden eine höhere neutrale Ansicht vertrete. Was diese aber will und soll, wird nirgends klar gesagt, und sobald er sich auf philosophische Erörterungen darüber einlässt, wird uns immer wieder nur das inhaltleere Formgesetz als letzter Grund des organischen Lebens vorgeführt. Dieses Formgesetz ist und bleibt aber ein rein teleologisches, unfassbares, immaterielles Princip, im Wesentlichen völlig gleich der „Lebenskraft".

Um uns\hiervon klar zu überzeugen, brauchen wir bloss noch näher auf die Vorstellungen einzugehen, welche sich GOETTE vom Leben und der Entwickelung macht. Zunächst sind hier folgende charakteristische Sätze hervorzuheben: „Die chemischen und physikalischen Eigenschaften des Protoplasma stellen bloss die eine Hälfte der Lebensursachen dar, welche ohne die andere, nämlich das durch die Entwickelung erworbene Formgesetz, nicht zum Leben, sondern gerade zur Auflösung des etwa schon bestandenen Lebens führt. Unter „Leben" kann man daher füglich nicht bloss den einen der beiderlei Ursachen-Complexe, sondern nur die Gesammtheit ihrer gemeinsamen Leistungen verstehen." (Unke, S. 846.) „Die morphologische und physiologische Entwickelung der Thiere setzt wohl einen bestimmten und besonderen Stoff, den protoplasmatischen Dotter, nothwendig voraus; ist aber durchaus nicht eine blosse Folge seiner materiellen Zusammensetzung und der davon abhängigen Wechselwirkung mit dem umgebenden Medium; sondern die daraus hervorgehenden Elementar-Actionen werden nur durch das von aussen bedingte Formgesetz zu den Leistungen jener Entwickelung und des Lebens befähigt." (Unke, S. 583.) „Die Entwickelung ist die nothwendige Entstehungsform des Lebens und kann anderseits nur an einem nicht lebenden, 'mit Spannkräften erfüllten Substrat beginnen." (! Unke, S. 843.) Zunächst geht aus diesen und ähnlichen Sätzen GOETTE's hervor, dass die Entwickelung überhaupt nur eine Eigenschaft der Organismen ist, und dass die anorganischen Naturkörper durchaus keiner Entwickelung unter-

worfen sind. Unzweideutig formulirt er diese merkwürdige, speciell gegen das fünfte Capitel der Generellen Morphologie gerichtete Behauptung in folgendem (durch gesperrte Schrift hervorgehobenem) Satze: „In der Entwickelung liegt das Wesen der organischen Morphologie (sic!) und des Lebens überhaupt; die
Entwickelung scheidet die Organismen von den Anorganeu." (Unke, S. 588.) Also die Krystalle, die Gesteine, die
Gebirge, die Planeten entwickeln sich nicht? Also das
Wachsthum, welches die Entwickelung der Krystalle, wie
die Entwickelung der Organismen als wesentlichste Function einleitet und begleitet, ist keine Entwickelung? Fürwahr,
dieser geistreiche Satz verdient die volle Beachtung sowohl aller
Philosophen, als aller Naturforscher! Vor Allen sind gewiss KANT,
LAPLACE und alle übrigen Philosophen zu bedauern, die sich mit
dem unnützen Gedanken abplagten, dass die Gesammtheit der
Dinge nicht fertig geschaffen, sondern durch Entwickelung entstanden sei und die eine gesetzliche Entwickelung für die ganze Natur annahmen. Aber auch die Geologen, welche die Entwickelung der Erde, die Mineralogen, welche die Entwickelung der
Gesteine und der darin enthaltenen Krystalle untersuchten, haben
sich vergebliche Mühe gemacht! Alle diese „todten" anorganischen Naturkörper sind nach GOETTE nicht entwickelt!

Der Leser wird aus jenen merkwürdigen Erklärungen GOETTE's
nunmehr zunächst den Schluss ziehen, dass die beiden Begriffe
Leben und Entwickelung in seiner Anschauung sich decken,
und dass organisches Leben ohne Entwickelung nicht gedacht werden könne, und umgekehrt. Aber weit gefehlt! Denn später
überrascht uns GOETTE durch folgende, noch merkwürdigeren Aussprüche: „Nach meiner Ansicht macht ein vollkommenes
Leben die Entwickelung unmöglich, sowie eine solche und
folglich ein Formgesetz im ersten Anfange der individuellen Existenz unbedingt nöthig sind, um das Leben in seiner individuellen
Einheit zu erzeugen." (Unke, S. 590.) „Die Entstehung des Lebens ist nothwendig an eine gewisse Entwickelung seines Substrates, also an das dieselbe beherrschende Formgesetz gebunden." (S. 574.) „Die Entwickelungsfähigkeit des reifen
Eies schliesst ein wirkliches Leben desselben aus
(sic!) [1]. Bei der Befruchtung „bringen die Samen-Elemente die

---

1) Dass das Ei todt sein muss, um sich entwickeln zu können, gehört jedenfalls zu den merkwürdigsten Entdeckungen GOETTE's; gewiss wird diese
allein für sich hinreichen, eine vollständige Reform der Entwickelungsgeschichte
herbeizuführen!

gleichsam ruhende Entwickelungsfähigkeit des Eies zur Thätigkeit, ohne die Zusammensetzung der Dotterkugel irgend- wie zu verändern" (sic! S. 49). „Das Ei kann unmöglich einen besonderen Zustand des fortdauernden individuellen Lebens dar- stellen, weil alsdann die durch das Ei ausgeführte Fortpflanzung mit der einfachen Theilung zusammenfiele und alle daraus gezo- genen Consequenzen mit sich brächte, welche eben mit der De- scendenz-Theorie (!) in Widerspruch stehen" [1]). (S. 848). „Die Theilung des lebenden Thieres ist eine Lebenserschei- nung, diejenige des Eies ein nicht lebendiger Entwik- kelungsvorgang!" (sic!! Uuke, S. 847).

Ich denke, der Leser wird an diesen wenigen Proben GOETTE- scher Naturphilosophie genug haben! Sollte er noch weiteren Ap- petit verspüren, so findet er eine reiche Fülle in den weitschwei- figen, speciell gegen mich gerichteten „Schlussbetrachtungen" (S. 841—904); sowie in den wunderbaren allgemeinen Betrachtungen, welche mitten in die „Segmente des Rumpfes" hineingeschneit sind (S. 550—605), und in denen ich die Ehre geniesse, neben und mit CARL ERNST BAER, ROBERT REMAK, MAX SCHULTZE u. A. wegen mangelnden Verständnisses der Entwickelungsgeschichte gründlich verarbeitet zu werden. Auch die beiden ersten Ab- schnitte, in denen GOETTE zeigt, dass das Ei todt sein muss, um sich entwickeln zu können, sind recht lehrreich, letztere besonders desshalb, weil damit die Continuität des Lebens absolut geleugnet wird, trotz der gelegentlich zu Hülfe gerufenen Descendenz-Theorie!

Welcher bodenlose Unsinn, welche unbegreiflichen Widersprüche in den angeführten und vielen ähnlichen Sätzen angehäuft sind, brauche ich wohl kaum ausdrücklich hervorzuhe- ben. Erst versichert uns GOETTE, dass „in der Entwickelung das Wesen des Lebens überhaupt liegt" und dass „die Entwickelung die nothwendige Entstehungsform des Lebens" ist; darauf erfahren wir, dass „ein vollkommenes Leben die Entwickelung unmöglich macht"; und endlich werden wir durch die Entdeckung überrascht, dass „die Entwickelungsfähigkeit des reifen Eies ein wirkliches Leben ausschliesst"; ja, dass die Eifurchung „ein nicht lebendiger Entwickelungsvorgang" ist!! Verstehe Das, wer's kann! Mir ste- hen die Haare zu Berge, und ich kann nur ausrufen: „Erkläre mir, Graf Oerindur, diesen Zwiespalt der Natur!"

---

1) Man lese diesen Satz dreimal aufmerksam und versuche dann, den darin niedergelegten vollkommenen Unsinn sich auf irgend eine Art klar zu ma- chen! Was die Descendenz-Theorie hier plötzlich thun soll, weiss der Himmel!

46

Nach dieser erstaunlichen allgemeinen Erörterung über Leben, Organisation, Entwickelung und Formgesetz werden wir uns nicht wundern, dass Goette auch die Zellentheorie in ihren wichtigsten und einflussreichsten Theilen vollständig verwirft und sie durch das geheimnissvolle „Formgesetz" glücklich ersetzt. Bekanntlich gipfelt die Zellentheorie, wie sie Schleiden und Schwann zu einem der stärksten Grundpfeiler der gesammten Biologie erhoben, und wie sie später namentlich durch Virchow, Kölliker, Leydig, Remak, Brücke und Max Schultze ausgebaut wurde, in der fundamentalen Vorstellung, dass jede Zelle ein „Elementar-Organismus" (Brücke) oder ein „Lebensheerd" (Virchow) ist; ein „Individuum erster Ordnung", aus dem die vielzelligen „Individuen zweiter und höherer Ordnung" nach den Gesetzen der Vermehrung, Aggregation und Arbeitstheilung secundär entstanden sind (Generelle Morphologie, III. Buch, Tectologie). Nur dadurch, dass wir jeden höheren, vielzelligen Organismus als einen „Zellenstaat", als einen organisirten Verband von zahlreichen, innig verbundenen und vielfach differenzirten „Elementar-Organismen" erkennen, lernen wir die höchst complicirten Form- und Lebenserscheinungen desselben verstehen. In der gesammten Biologie der Gegenwart, in der Zoologie wie in der Botanik, in der Morphologie wie in der Physiologie, hat dieser tectologische Grundgedanke der Zellentheorie so allgemeinen Eingang gefunden, dass ich darüber wohl kein Wort weiter zu verlieren brauche.

Aber O Weh! Die gesammte Biologie hat sich auch hier wieder auf einem argen Holzwege befunden! Denn der grosse Reformator derselben, Alexander Goette, belehrt uns (mit gesperrter Schrift!): „Die Zellen als Gewebstheile sind keine Organismen, keine organischen Individua"! (S. 598). „Diese Zellen können als wirkliche Organismen (Elementar-Organismen) nicht angesprochen werden, da ihnen ein selbstständiges Formgesetz, eine vollkommene Individualität fehlt" (sic! S. 598). Auch das wichtige Problem der organischen Individualität, mit dem ich mich (gleich vielen Anderen) ganz vergeblich abgequält habe (— vergl. die Generelle Tectologie —) erhält bei dieser Gelegenheit durch Goette seine endgültige Lösung, durch folgenden Zauberspruch: „Die Individualität eines Organismus ist nur ein besonderer Ausdruck seines Entwickelungszieles, entwickelt sich also während seiner Entstehung ebenfalls allmählich und parallel der Gliederung des Formgesetzes" (S. 597). „Die Individualität ist der physiologische Ausdruck des Formgesetzes" (S. 575; Hört! Hört!) [1]). Arme, bedauernswerthe Histologie! Auch Du musst nun Deinen Riesenbau von vorn anfangen! Denn es fehlt Dir ja die erste und wichtigste Grundlage der Erkenntniss, GOETTE's „Formgesetz"! VIRCHOW kann seine „Cellular-Pathologie" nur getrost in den Papierkorb werfen und auf der neuen Basis des Formgesetzes eine andere versuchen! Dass demnach auch MAX SCHULTZE's Protoplasma-Theorie, die ich mit vielen Anderen für die wichtigste und einflussreichste Reform der Zellentheorie hielt, zu den Todten geworfen wird, erscheint nach dem Vorhergegangenen nur selbstverständlich (S. 592). Das Protoplasma ist für die gesammte Entwickelung, und namentlich für die Formbildung der Zellen, ohne alle Bedeutung, bloss ein indifferentes Substrat. Die von mir behauptete „formbildende Function des Protoplasma" existirt nicht! (S. 589). Wir müssen also auch in der Histologie unsere bisherigen Erkenntnisse verlassen und ganz ab ovo anfangen! Ab ovo? Nein, bewahre! Die jetzt allgemein zur Geltung gelangte Ansicht, dass das Ei eine Zelle sei und demnach für die Histogenie den natürlichen Ausgangspunkt abgebe, ist grundfalsch! Denn nach GOETTE ist das Ei überhaupt keine Zelle!! Mit gesperrter Schrift verkündet derselbe folgenden Grundsatz: „Das befruchtungsfähige Ei ist weder im Ganzen, noch zum Theil, weder nach der Entstehung, noch nach der fertigen Erscheinung eine Zelle, sondern bloss eine wesentlich homogene, in eine äusserlich angebildete Hülle eingeschlossene organische Masse"!! (Unke, S. 35). Hiernach werden wir zunächst auf den Gedanken kommen, dass das Ei der Thiere am meisten Aehnlichkeit mit einem Knallbonbon hat. Denn auch das Letztere ist „eine wesentlich homogene, in eine äusserlich angebildete Hülle eingeschlossene organische Masse!" [2]).

---

1) Wahrscheinlich sind demnach auch die Krystalle keine Individuen, wie man bisher allgemein annahm. Denn wie uns GOETTE belehrt, entwickeln sich die Krystalle nicht! Natürlich, denn sie haben ja kein „Formgesetz!"

2) Wer noch Näheres über „die organische, aber in keinem Theile organisirte Masse" des thierischen Eies zu erfahren wünscht, erhält darüber folgende Auskunft: „So kann ich denn die Betrachtung des reifen Eies mit dem Ergebnisse schliessen, dass alle seine Veränderungen im Eierstocke und Eileiter nur die unmittelbare Fortsetzung und den Abschluss jenes schon im ersten Anfange der Eibildung eingeleiteten Processes bilden, dessen Bedeutung in der Zerstörung der Zellenreste innerhalb des Ovarial-Follikels und in der Herstellung eines Keimes beruht, welcher aus einer gleichartigen und in keinem Theile organisirten Masse besteht!" (sic! Unke, S. 26).

Wir wissen also nunmehr durch GOETTE, dass das reife entwickelungsfähige Ei eine todte organische Masse ist, dass durch die Befruchtung -die Zusammensetzung der todten Dotterkugel in keiner Weise verändert wird und dass auch die darauf folgende Eifurchung ein nicht lebendiger Entwickelungsvorgang ist (während doch in der Entwickelung allein nach GOETTÉ das Wesen des Lebens liegt!). Wir werden nunmehr äusserst gespannt darauf werden, wann, wie und wo denn nun eigentlich das Formgesetz, diese „eigentliche und wesentliche Grundursache der organischen Entwickelung", in die todte, aber sich trotzdem entwickelnde Masse des befruchteten Eies hineinkömmt. Leider hat es GOETTE unterlassen, über diesen Cardinalpunkt der Entwickelungsgeschichte uns aufzuklären; zwar giebt er an, dass an dem befruchteten Ei nach der Auflösung des Keimbläschens ein neuer „Dotterkern" entsteht und dass „in seinem Inneren sich ein zartes rundes Körperchen bildet — der erste Lebenskeim, welcher die weitere Entwickelung des Eies hervorruft" [1] (S. 51). Wie aber dieser materielle „Lebenskeim" mit dem immateriellen „Formgesetz" zusammenhängt, darüber erfahren wir leider gar Nichts, und es bleibt uns daher Nichts weiter übrig, als die Annahme, dass das Formgesetz in das todte, aber trotzdem sich theilende Ei ebenso „von aussen" hineinfährt, wie der böse Geist des Evangeliums in die Heerde Säue!

Nun bitte ich einerseits die fundamentale Bedeutung zu erwägen, welche gerade die Lehre vom Ei, von der Befruchtung, von der Eifurchung und von den daran sich anknüpfenden frühesten Entwickelungs-Vorgängen anerkanntermaassen für die gesammte Entwickelungsgeschichte besitzt. Anderseits bitte ich nochmals aufmerksam über die vorstehend angeführten Sätze GOETTE's nachzudenken, welche für die letztere eine ganz neue Basis legen wollen. Ich bin überzeugt, dass schon hieraus jeder urtheilsfähige Leser sich eine richtige Vorstellung von dem wahren Werthe des grossen GOETTE'schen Reformwerkes bilden wird. Wenn schon die ersten, wichtigsten und einfachsten Probleme der Entwickelungsgeschichte so überaus verworren und unklar, zusammenhangslos und widerspruchsvoll behandelt werden, was soll man dann von der weiteren Verfolgung derselben erwarten? Was soll man von

---

1) Was GOETTE hier „Dotterkern" nennt, ist Nichts anderes, als der Nucleus der Cytula, der ersten Furchungszelle" (oder sogenannten „ersten Furchungskugel") und der mystische „Lebenskeim" ist der Nucleolus derselben. (Vergl. meinen Aufsatz über „Gastrula und Eifurchung".)

der complicirten Entwickelungsgeschichte der Gewebe, Organe und Systeme hoffen, wo Schritt für Schritt die Aufgabe schwieriger und verwickelter wird, wo die Complicationen in Stoff und Form sich häufen und vor Allen ein klares Ziel und ein zusammenhängender Weg erfordert wird? In der That können wir uns denn auch in jedem einzelnen Capitel, bei der speciellen Entwickelungsgeschichte jedes einzelnen Organes der Unke, davon überzeugen, wie wenig GOETTE der grossen, von ihm übernommenen Aufgabe gewachsen ist, und wie dieselben beispiellosen Widersprüche, Unklarheiten und Missverständnisse, die wir im generellen Theile des Werkes finden, auch im speciellen überall massenhaft wiederkehren; und zwar in erhöhtem Maasse!

Wie GOETTE die entgegengesetzten Anschauungen anderer Forscher versteht, wiedergiebt und bekämpft, das hat GEGENBAUR in seiner treffenden Kritik bereits eingehend gezeigt. Ich will hier aus der Fülle gegen mich gerichteter Sätze nur folgende Beispiele anführen. Nachdem er gesagt hat, dass „jeder Organismus ein beständiges Formgesetz in nothwendig ununterbrochenem Wechsel der Erscheinungen offenbart" [1]), fährt er fort: „Der Grundirrthum HAECKEL's besteht darin, dass er die Morphologie der Organismen ebenso wie diejenige der Anorgane auf eine unveränderliche äussere Form-Erscheinung bezieht." (Unke, S. 587.) Wo in aller Welt habe ich jemals solchen Unsinn gesagt? Wo habe ich jemals die Unveränderlichkeit einer organischen Form behauptet? Ist nicht mein ganzes Streben und Wirken seit mehr als zehn Jahren darauf gerichtet, 'die Veränderlichkeit aller organischen Formen im gesetzlichen Flusse der Entwickelung darzuthun? Oder wo habe ich gar die Morphologie irgend eines Organismus auf eine „unveränderliche äussere Form-Erscheinung" bezogen? Wo nimmt GOETTE das Recht her, mir solchen Unsinn in die Schuhe zu schieben? Es kömmt aber noch besser! Bei den unglaublich confusen allgemeinen Erörterungen über das unfassbare Formgesetz im Gegensatz zum Descendenz-Princip werde ich mit folgender Ueberraschung bedacht: „Wer die ersten Organismen geschaffen oder überhaupt mit einem Schlage fertig aus anorganischen Elementen entstehen lässt, wie HAECKEL, der kann eine Antwort auf die Frage nach dem

---

1) Wie stimmt dieser merkwürdige Satz zu der anderen, uns von GOETTE gespendeten Offenbarung, dass das „Formgesetz mit jedem Verbrauche eines Formtheils durchbrochen werde?"

ersten Formgesetz natürlich nicht erhalten." (Unke, S. 899). Ich
frage: Wo habe ich jemals eine „Erschaffung der ersten Organismen" behauptet? Hat nicht das ganze sechste Capitel der
„Generellen Morphologie" die Aufgabe, den übernatürlichen Begriff
der „Schöpfung" aus der Wissenschaft zu verbannen und durch
den natürlichen Begriff der „Entwickelung" zu ersetzen? Oder
wo habe ich jemals „die ersten Organismen mit einem Schlage
fertig aus anorganischen Elementen entstehen lassen? Die
Begriffe der chemischen Verbindung und des chemischen Ele-
mentes scheinen für GOETTE gleichbedeutend zu sein! Bei den
sonstigen Proben, die er von seiner allgemeinen naturwissenschaftlichen Bildung giebt, dürfen wir uns allerdings nicht wundern,
wenn er Protoplasma für ein Element und Kohlenstoff für eine
Verbindung erklärt!

Doch ich verlasse diese widerwärtigen Erörterungen, zu denen
ich durch das unverantwortlich verkehrte und oberflächliche Verfahren GOETTE's gezwungen bin [1]), und wende mich schliesslich zu
der Frage: Wie erfüllt der Embryograph der Unke den grossartigen, auf dem Titel seines Werkes angekündigten Anspruch, mit
der Ontogenie dieses einzigen Amphibiums uns die „Grundlage
einer vergleichenden Morphologie der Wirbelthiere"
zu geben? Da ist denn zunächst die eigenthümliche Vorstellung
zu beleuchten, die der Verfasser vom Begriffe und der Aufgabe
der organischen Morphologie selbst besitzt. Bekanntlich hat
sich die Aufgabe dieser Wissenschaft in den letzten Decennien
immer mehr dahin erweitert, die Erkenntniss der gesammten (inneren und äusseren) Formverhältnisse der Organismen zu er-
streben, im Gegensatze zur Physiologie, welche deren Lebenserscheinungen verfolgt [2]). Die Morphologie selbst aber zerfällt in
zwei gleich wichtige und gleich berechtigte Hauptzweige: Die Anatomie als die Wissenschaft von den entwickelten und die Entwickelungsgeschichte als die Wissenschaft von den entstehenden Formen. Für erstere habe ich die allgemeinen Principien im
ersten, für letztere im zweiten Bande der „Generellen Morphologie"
festzustellen versucht. Dass beide Hauptzweige gleich wichtig und
gleich berechtigt sind, davon sind heutzutage die urtheilsfähigen
Morphologen allgemein überzeugt; und seitdem die Descendenz-

---

1) Weitere bemerkenswerthe Beispiele hat GEGENBAUR in seiner Kritik des
Unkenbuches gründlich erörtert.
2) Ueber „Begriff und Aufgabe der Morphologie der Organismen" vergl. das
erste Capitel meiner Generellen Morphologie.

Theorie eine überraschende Lichtfülle auf das Gesammtgebiet der Formwissenschaft gegossen und in der Vererbung und Anpassung uns die wahren Ursachen der Formbildungen enthüllt hat, ist jene Ueberzeugung erst recht allgemein und lebendig geworden. Denn das nunmehr klar hingestellte Endziel einer wissenschaftlichen Phylogenie ist nur durch das innigste Zusammenwirken und die beständige Ergänzung der vergleichenden Anatomie und Ontogenie zu erreichen. Weder der eine noch der andere Hauptzweig ist dazu für sich allein ausreichend. Wo der eine uns keine Auskunft giebt, da tritt sehr oft der andere ergänzend ein, und wo die Materialien des einen fehlen, da werden sie häufig durch diejenigen des anderen glücklich ersetzt. So erhalten wir z. B. über die Phylogenie des Schädels, der Gliedmaassen der Wirbelthiere, der Thyreoidea u. s. w. durch die Ontogenie gar keine genügende Auskunft, während uns die vergleichende Anatomie diese vollständig liefert. Anderseits belehrt uns die letztere z. B. über die Phylogenie des Darmcanals, der Darmdrüsen u. s. w. nur unvollkommen, während die Ontogenie uns darüber sehr wichtige Aufschlüsse ertheilt.

Wie aus der Geschichte unserer Wissenschaft bekannt ist, hat sich naturgemäss von jenen beiden Hauptzweigen die Anatomie viel früher entwickelt und ist bis jetzt zu viel umfassenderen Resultaten gelangt, als die Entwickelungsgeschichte. Die Anatomie des Menschen, als die älteste und wichtigste Grundlage der organischen Morphologie, ist durch das Bedürfniss der practischen Medicin schon vor mehr als zwei Jahrtausenden in das Dasein gerufen worden, wenn sie auch erst seit drei Jahrhunderten sich zu einem äusserst reichhaltigen Wissenszweige gestaltet hat. Die ersten rohen Anfänge der Entwickelungsgeschichte hingegen reichen (wenn wir von Aristoteles absehen) kaum über zwei Jahrhunderte hinauf und noch ist kein halbes Jahrhundert verflossen, seitdem sie durch CARL ERNST BAER zu allgemeiner Anerkennung gelangt und in kurzer Zeit zu glänzender Blüthe emporgewachsen ist. Aber auch noch heute, auch nach den reichen Früchten, welche die Entwickelungsgeschichte in den letzten Decennien gereift hat, beruht der bei weitem grösste und sicherste Theil unseres morphologischen Wissens nicht auf der letzteren, sondern auf der vergleichenden Anatomie.

Wie verhält sich nun GOETTE, der uns eine neue Grundlage für die Morphologie liefern will, zu jenen beiden Hauptzweigen derselben? Er verwirft den einen ganz und lässt den anderen ausschliesslich gelten! „Die individuelle Entwickelungsgeschichte der

Organismen begründet und erklärt allein die gesammte Morphologie derselben" (Unke, S. 904). Das ist der Schlusssatz seiner Resultate, mit welchem die vergleichende Anatomie von jeder Theilnahme an der wissenschaftlichen Morphologie ausgeschlossen wird. Ueberall wird gegen die letztere polemisirt, und ihr jede entscheidende Competenz bestritten. Freilich sind zahlreiche vergleichend - anatomische Betrachtungen in die rein embryographischen Darstellungen (die den bei weitem grössten Theil des Werkes bilden) eingestreut. Aber wo die vergleichend - anatomischen und die ontogenetischen Erscheinungen sich nicht decken, da wird stets auf die letzteren, als die einzig entscheidenden, das Hauptgewicht gelegt, und die ersteren werden entweder ignorirt oder für werthlos erklärt. Wer allerdings allein aus GOETTE's vergleichend - anatomischen Betrachtungen sich einen Begriff vom Wesen, von der Aufgabe und den Leistungen der vergleichenden Anatomie bilden wollte, der würde wohl bald zu der Ueberzeugung gelangen, dass diese Wissenschaft keinen Werth besitzt!

Nach den Ursachen dieser exclusiven Einseitigkeit brauchen wir freilich nicht lange zu suchen! Der überall vortretende Mangel an Kenntnissen in der vergleichenden Anatomie (den GOETTE übrigens auch mit HIS, METSCHNIKOFF und vielen anderen Embryographen der Gegenwart theilt), erklärt uns hinlänglich die Abneigung, die er allenthalben gegen diese Wissenschaft bezeigt und die Verachtung, mit der er sie in die Ecke stellt. Wie unwissend der Unkenforscher auf diesem ausgedehnten Gebiete ist, wie unbekannt mit vielen wichtigen anatomischen Thatsachen, und mit der dieselbe behandelnden Literatur, wie unfähig zur thatsächlichen Begründung seiner Aufstellungen und zu einer logischen Vergleichung und Schlussbildung, das hat bereits GEGENBAUR in seiner trefflichen Kritik der „Unke" an mehreren schlagenden Beispielen nachgewiesen.[1]) Ich füge als sehr bezeichnendes Curiosum nur noch hinzu, dass GEORGE CUVIER, der bekanntlich die erste feste „Grundlage einer vergleichenden Morphologie der Wirbelthiere" legte, und RICHARD OWEN, der so werthvolle Beiträge dazu lieferte, in dem ganzen grossen Werk von GOETTE nicht ein einziges Mal nur erwähnt werden! In dem langen, 170 Nummern umfassenden Literatur-Verzeichnisse (in welchem viele ganz unbedeutende und armselige

---

1) CARL GEGENBAUR, Einige Bemerkungen zu GOETTE's Entwickelungsgeschichte der Unke, als Grundlage einer vergleichenden Morphologie der Wirbelthiere. Morpholog. Jahrb. 1875. Bd. I, S. 299—345.

Autoren, (wie z. B. Dönitz, Metschnikoff, Schneider u. A.) erwähnt werden, fehlen unter Anderen die Namen von Cuvier und Owen vollständig![1]

Wenn nun auch der sehr fühlbare Mangel an Kenntniss und an Verständniss der vergleichenden Anatomie hinreichend die auffallende Scheu erklärt, mit welcher Goette sich diesen unheimlichen Gast vom Leibe zu halten sucht, so ist damit doch noch lange nicht die radicale Einseitigkeit gerechtfertigt, mit der er dieselbe principiell von der Morphologie ausschliesst. Die einfachste Ueberlegung über den natürlichen Gang dieser Wissenschaft und über seinen eigenen Studiengang hätte Goette darüber belehren können, dass die Ontogenie selbst auf den Schultern der Anatomie steht und dass die Kenntniss der letzteren nothwendig derjenigen der ersteren vorausgehen muss. Man versuche doch, einen Anfänger, der noch keine gründlichen Kenntnisse in der Anatomie hat, in die Entwickelungsgeschichte einzuführen. Unmöglich kann er Ziele und Wege der letzteren verstehen! Und ist nicht jeder Forscher im Gebiete der Entwickelungsgeschichte gezwungen gewesen, sich zunächst über den anatomischen Bau des entwickelten Organismus gründlich zu orientiren, ehe er dessen Entwickelungsgeschichte in Angriff nehmen konnte? Wie kann man den richtigen Weg zu einem Ziele einschlagen, wenn man dasselbe überhaupt nicht kennt? Sehr zu beherzigen sind in dieser Beziehung die folgenden Sätze des würdigen Alexander Braun, eines der ersten Morphologen unter den lebenden Botanikern: „Die morphologische Vergleichung der vollendeten Zustände muss naturgemäss der Erforschung der frühesten Zustände vorausgehen. Nur dadurch erhält die Erforschung der Entwickelungsgeschichte eine bestimmte Orientirung; es wird ihr gleichsam das vorausschauende Auge gegeben, durch welches sie jeden Schritt des Bildungsganges in Beziehung setzen kann zu dem letzten, der erreicht werden soll. Die unvorbereitete Handhabung der Entwickelungsgeschichte tappt allzuleicht im Blinden und führt nicht selten zu den kläglichsten Resultaten, welche weit hinter dem zurückbleiben, was schon vor aller entwickelungsgeschichtlichen Untersuchung unzweifelhaft festgestellt werden konnte. Gewiss mit vollem Rechte bezeichnet Schleiden die Entwickelungsgeschichte

---

1) Gegenbaur (l. c. p. 310) macht in dieser Beziehung folgende Bemerkung: „Goette scheint von früheren Arbeiten in einer Art Umgang zu nehmen, die auf einen gänzlichen Mangel an Beziehungen zur älteren Literatur schliessen lassen könnte."

als die hauptsächlichste Grundlage der Morphologie; aber es ist
dabei nicht zu vergessen, dass die Entwickelungsgeschichte alle
Stadien der Entwickelung umfasst und dass in einer lebendigen
Entwickelung nicht bloss der Anfang die nachfolgenden Schritte,
sondern auch umgekehrt das Ziel die vorausgehenden beleuchtet." [1])
Diese goldenen Worte von ALEXANDER BRAUN sollte jeder
Arbeiter im Gebiete der Morphologie beständig im Sinne behalten.
Sie verdienen doppelte Beachtung im Munde eines Botanikers, weil
die „vergleichende Anatomie" der Pflanzen bei weitem noch nicht
so selbständig entwickelt ist als die „vergleichende Anatomie"
der Thiere; und doch muss sie hier wie dort die Entwickelungsgeschichte auf das Vielfältigste ergänzen und unterstützen, wenn
eine wirklich wissenschaftliche Morphologie entstehen soll. Sehr
gut zeigt BRAUN an dem Beispiele der „Metamorphose der Pflanzen", wie WOLFGANG GOETHE, bloss durch die vergleichende Anatomie der Pflanzen [2]) „trotz der Mangelhaftigkeit seiner Methode
zu einer tieferen Einsicht in den Stufengang der Pflanzen-Ent-
wickelung gelangte, als WOLFF, dem das Verdienst zukommt, der
Entwickelung durch directe Beobachtung auf den Grund gegangen
zu sein" (l. c. p. 10). Ebenso hat GEGENBAUR das von WOLFGANG
GOETHE aufgestellte schwierige Schädel-Problem durch die vergleichende Anatomie auf das Glänzendste gelöst, während ALEXANDER
GOETTE, der später dasselbe Problem mit Ausschluss der letzteren
bloss durch directe Beobachtung der embryonalen Schädel-Ent-
wickelung lösen wollte, nur „zu den kläglichsten Resultaten gelangte." [2])

---

1) ALEXANDER BRAUN, Ueber die Bedeutung der Entwickelung in der Na-
turgeschichte. Berlin 1872. S. 9. Vergl. auch ferner desselben Morphologen Rede
„Ueber die Bedeutung der Morphologie" (Berlin 1862). In diesen, wie in anderen
Schriften BRAUN's finden sich viele ganz vortreffliche Bemerkungen über allgemeine
Morphologie und über das Verhältniss der vergleichenden Anatomie zur Entwicke-
lungsgeschichte. Ich möchte dieselben hier um so mehr hervorheben, als BRAUN's
hohe Verdienste in der so eben erschienenen „Geschichte der Botanik" von JULIUS
SACHS keineswegs gebührend gewürdigt werden. SACHS ist eben (ähnlich wie CARL
LUDWIG) ein sehr einseitiger Physiologe und besitzt über viele der wichtigsten
morphologischen Fragen kein umfassendes Urtheil.

2) Da hier die Namen GOETHE und GOETTE in einem Satze genannt werden,
bemerke ich für etwaige ausländische Leser dieses Aufsatzes (— namentlich Fran-
zosen! —) dass beide Persönlichkeiten (trotzdem sich ihr Name nur durch einen
Buchstaben unterscheidet) in keinerlei äusserem und innerem Zusammenhange stehen. Unser grosser Dichter und Naturphilosoph entwickelte schon vor
hundert Jahren ein viel tieferes und klareres Verständniss der Morphologie, als der
Unkenforscher, der heute eine neue Grundlage derselben liefern will.

Nachdem wir so gezeigt haben, dass GOETTE vom Begriffe
und der Aufgabe der Morphologie selbst eine höchst einseitige und
beschränkte Auffassung hat, wird es uns nicht mehr wundern, dass
er auch die auf dem Titel angekündigte „vergleichende" Methode in ganz ungenügender Weise handhabt. So lange eine wissenschaftliche Morphologie besteht, sind die denkenden Vertreter
derselben darüber einig, dass nur auf dem Wege der methodischen
Vergleichung deren höchste Ziele erreicht werden können. Aber
es ist nicht einerlei, Was, Wie und Wo verglichen wird. In den
ersten Anfängen der vergleichenden Morphologie suchte man zunächst bei verschiedenen Organismen diejenigen Organe auf, die
entweder durch äussere Formähnlichkeit oder durch die Gleichar-
tigkeit ihrer Function Anhaltspunkte für eine Vergleichung darboten.
So verglich man z. B. das gegliederte Scelet der Seestern-Arme
mit der Wirbelsäule der Vertebraten, das Bauchmark der Glieder-
thiere mit dem Rückenmark der Wirbelthiere, das dorsale Herz
der ersteren mit dem ventralen Herzen der letzteren. Diese falschen Vergleiche, welche wir in der älteren Naturphilosophie (z. B.
bei OKEN, LAMARCK) u. A. sehr häufig finden, wurden verlassen,
seitdem man anfing, die morphologische und die physiologische
Bedeutung der verglichenen Körpertheile, Homologie und Analogie zu unterscheiden, in welcher Beziehung namentlich HEINRICH
RATHKE und RICHARD OWEN sich grosse Verdienste erwarben.
Man schloss dadurch z. B. so falsche Vergleiche aus, wie die Zu-
sammenstellung der Flügel bei Vögeln und Insecten, der Lungen
bei den luftathmenden Wirbelthieren und Lungenschnecken. [1])
Eine weitere unschätzbare Vervollkommnung erfuhr endlich die
vergleichende Methode dadurch, dass die von DARWIN reformirte
Descendenz-Theorie in den Functionen der Vererbung und Anpassung
die wahren Grundursachen der Formbildung enthüllte. Es wurde
nun möglich, die Homologie, die wahre Formverwandtschaft,
auf die Vererbung von gemeinsamer Stammform, die Analogie,
die falsche Formverwandtschaft, auf gleichartige Anpassung an
ähnliche Lebensbedingungen zurückzuführen (Vergl. GEGENBAUR's
„Vergleichende Anatomie" und meine „Generelle Morphologie").
Welche glänzende Resultate durch diesen ungeheuren Fortschritt

---

1) Auf diesen letzteren, ganz oberflächlichen, physiologischen Vergleich, der die
ganz verschiedene Natur und unabhängige Entstehung der Lungen bei den Wirbelthieren und Schnecken ignorirt, ist kürzlich wieder MICHELIS verfallen. Er macht
es mir in seiner „Haeckelogonie" (S. 18) zum schweren Vorwurf, dass ich die Lungenschnecken in der Anthropogenie nicht berücksichtigt habe!

der vergleichenden Methode erzielt wurden, liegt in zahlreichen kleineren Arbeiten der jüngsten Zeit klar zu Tage, vor Allen in den grossen, das Gesammtgebiet der vergleichenden Morphologie der Thiere erhellenden Werken von Carl Gegenbaur. Diese höchst fruchtbare Erweiterung der vergleichenden Methode findet zunächst freilich im Gebiete der Anatomie viel ausgedehntere Anwendung als in demjenigen der Entwickelungsgeschichte. Die „vergleichende Morphologie" war eben bisher fast ausschliesslich „vergleichende Anatomie" und eine eigentliche „vergleichende Entwickelungsgeschichte", die sich selbstständig und ebenbürtig der ersteren an die Seite stellen könnte, existirt noch nicht bis auf den heutigen Tag. Allerdings hat kürzlich S. Schenk in Wien ein „Lehrbuch der vergleichenden Embryologie der Wirbelthiere" veröffentlicht (Wien, 1874). Allein dieses niedliche, 198 Seiten lange Opusculum ist das Gegentheil von dem, was sein Titel verspricht. Erstens kann dasselbe in keiner Weise als ein „Lehrbuch" bezeichnet werden, und zweitens ist die „Vergleichung" aus dieser „vergleichenden Embryologie" mit rührender Sorgfalt ausgeschlossen. [1]) Dagegen erhebt allerdings Goette's Unkenwerk den Anspruch, eine „vergleichende Embryologie" zu sein. Ich sage: „Embryologie." Denn da Goette

---

1) Das „Lehrbuch der vergleichenden Embryologie der Wirbelthiere" von Schenk ist bereits von F. Brüggemann in der Jenaer Literatur-Zeitung (Nr. 23; vom 5. Juni 1875) treffend beurtheilt worden. Ich entnehme daraus folgende Sätze: „Unverantwortlicher Weise hat weder die vergleichende Anatomie, noch die Entwickelungsgeschichte der Wirbellosen — also zwei Disciplinen, ohne die ein Verständniss der Vertebraten-Embryologie nicht möglich ist — auch nur im Entferntesten Berücksichtigung gefunden. Für das Verhältniss des Verfassers zur vergleichenden Anatomie ist es bezeichnend genug, dass er längst überwundene Ausdrücke, wie „Knorpelfische, Säugethiere und Mensch", durchweg anwendet. Jedoch auch den Anforderungen, die man vor etwa zwanzig Jahren an eine „vergleichende Embryologie" gestellt hätte, und welche freilich zur Zeit noch einer nicht unbeträchtlichen Zahl von Naturforschern genügen, entspricht das Werk keineswegs. Das Vergleichen involvirt doch vor Allem ein übersichtliches Zusammenfassen der gleichartigen Thatsachen, und von einem solchen scheint der Verfasser keinen Begriff zu haben. Das Werk ist vielmehr eine so wüste Compilation, wie man sie sich nur denken kann. Bald wird über Sachen von fundamentaler Bedeutung mit wenigen Worten oder auch ganz mit Stillschweigen hinweggegangen; dann sind wieder ganz nebensächliche Erscheinungen, zumal wenn sie der Verfasser selbst studirt hat, mit umständlichster Breite beschrieben." Mit Recht hebt es Brüggemann als eine kaum glaubliche Thatsache hervor, dass Schenk in seinem „Lehrbuche" mit keiner Sylbe der höchst bedeutungsvollen Entwickelungsgeschichte des Amphioxus gedenkt, die uns doch erst den wahren Schlüssel für diejenige der übrigen Wirbelthiere liefert.

die vergleichende Anatomie und die Phylogenie von der Morphologie ausdrücklich ausschliesst, und da er selbst von der Ontogenie
nur den embryologischen Theil (nicht die Metamorphologie, die
spätere „Metamorphosenlehre") als „eigentliche Entwickelungsgeschichte gelten" lässt, so will eben seine „vergleichende Morphologie"
im Grunde nur eine „vergleichende Embryologie" sein.
Wie handhabt aber nun Goette die „vergleichende" Methode? Unsere Antwort kann nur lauten: „In einer Weise, dass
er zum Vortheil der Wissenschaft und zu seinem eigenen Vortheil
sich besser jeder Vergleichung enthalten und einfach auf die sorgfältige Beschreibung seiner Beobachtungen beschränkt hätte."
Gegenbaur hat dies in seiner einschneidenden Kritik so klar und
objectiv nachgewiesen, dass ich mich hier darauf beschränken kann,
sein daraus erschlossenes Endurtheil wiederzugeben: „Wir begegnen
zunächst einem auffallenden Mangel sicherer Begriffsbe-
stimmungen, und damit fehlt es an den ersten wissenschaftlichen Fundamenten. Ein zweiter Grundfehler ist die grenzen-
lose Willkühr der Vergleichungen. Diese werden durch
alle Abtheilungen der Wirbelthiere bunt durch einander geführt,
anstatt von dem innerhalb einer niederen Abtheilung durch die
Vergleichung Sichergestellten auszugehen und von da zu den höheren emporzusteigen. Bei solch' unmethodischen Vergleichungen
können die Resultate nicht befremden, und es wird begreiflich, wie
selbst manche gute Beobachtung nicht zur Verwerthung gelangt.
Wenn das Streben nach einheitlichen Gesichtspunkten zu den we-
sentlichsten Aufgaben wissenschaftlicher Forschung gehört, so finden wir uns fast überall da, wo im Anschlusse an die Entwickelung der Unke „die vergleichend-morphologische Grundlage" gelegt
werden soll, weit von jenem Ziele entfernt. Wir sehen also die
vergleichend-anatomischen Abschnitte des Werkes zu den embryographischen in lebhaftem Gegensatze stehen, und werden auch
nicht behaupten können, dass die mit vieler Prätension geäusserten,
absprechenden Urtheile in der grossen Bescheidenheit des kundgegebenen Maasses anatomischer Kenntnisse eine richtige Compen-
sation finden. Das Alles aber wird Dem nicht wunderbar erscheinen, welcher sich der Einsicht nicht verschliesst, dass die Er-
werbung technischer Fertigkeiten und in Folge dessen die Herstellung und bildliche Darstellung von Präparaten, sowie deren sorgfältige Beschreibung etwas
ganz Anderes ist, als combinatorisches, auf einen grösseren Erfahrungskreis sich stützendes, von wissen-

schaftlicher Methode geleitetes Urtheil, und dass Ersteres, wie es die Anwendung des Letzteren auch fördern mag, doch keineswegs dasselbe nothwendig in sich begreift." [1]) Wenn wir freilich erwägen, dass die morphologische „Vergleichung" eine philosophische Verstandesoperation ist, die um so mehr Urtheil, Vorsicht und allgemeine morphologische Bildung erfordert, je verwickelter die zu vergleichenden Objecte sind; und wenn wir uns dann wieder der oben mitgetheilten göttlichen Proben GOETTE'scher Philosophie erinnern, dann werden wir uns über keine „Vergleichung" desselben mehr wundern. In der That haben viele Vergleichungen von GOETTE einen ähnlichen Werth, wie der oben von mir angezogene Vergleich des Thier-Eies mit einem Knallbonbon. Viele seiner Vergleichungen lassen sich, wie GEGENBAUR richtig bemerkt, nur dann begreifen, „wenn man alle Verwandtschaftsbeziehungen der Wirbelthiere so gründlich ignorirt sieht, wie es in GOETTE's Buche überall, man möchte sagen grundsätzlich geschieht." Ich frage aber: Was kann denn überhaupt für denjenigen, der jene Verwandtschaftsbeziehungen nicht würdigt, sondern grundsätzlich ignorirt, die Vergleichung noch bedeuten? Welches Interesse, welchen Werth kann sie für ihn haben?

Diese Frage ist selbstverständlich jetzt mehr als je berechtigt. Denn während die frühere Morphologie die „Verwandtschaftsbeziehungen" der organischen Formen nur bildlich auffasste und ideal deutete, als Ausfluss einer in der Organisation des Lebendigen sich offenbarenden „Idee", eines schöpferischen „Bauplanes", sind wir jetzt durch DARWIN's reformatorische That in die glückliche Lage versetzt, sie wörtlich als „genealogische" Verwandtschaft

---

1) GEGENBAUR, Morphologisches Jahrbuch, 1875, Bd. I, S. 345. Als bezeichnendes Beispiel der GOETTE'schen Methode der Vergleichung und Schlussfolgerung hebt GEGENBAUR Folgendes hervor (S. 313): „Bei Amphibien und den Amnioten gehen die Rippen nie von unteren Bogen aus, also können sie es auch nicht bei den Fischen; folglich können die bei den letzteren von unteren Bogen entstehenden Gebilde auch keine Rippen sein; oder, wenn ihr Verhalten als Rippen (wie bei den Selachiern) in keiner Weise in Abrede gestellt werden kann, so ist es nur die Lage der unteren Bogenbasen an der horizontalen Muskelscheidewand, welche die unteren Bogen zu jenen Rippen entsenden lässt! Die unteren Bogen übernehmen also da ein Geschäft, zu dem sie eigentlich nicht berechtigt sind, und das ihnen durch ihre günstige Situation nur so nebenher zufällt! Diesem merkwürdigen Argumentationen liegt die irrige Voraussetzung zu Grunde, dass bei allen Wirbelthieren alle Organe genau in den völlig gleichen Verhältnissen ihrer Anlage sich befinden müssten, und dass in der Ontogenie keine Modificationen auch in der Anlage der Theile stattfänden, für einen „Embryologen" eine wunderbare Ansicht!"

aufzufassen, demgemäss real zu deuten und als die nothwendige
Wirkung der Wechselwirkung von Anpassung und Vererbung zu
erklären. Damit hat aber auch das System der organischen
Formen, welches jene verwickelten Verwandtschaftsbeziehungen
der Organismen im Lapidarstyl ausdrücken soll, eine unendlich
erhöhte Bedeutung gewonnen; das natürliche System der Organismen ist dadurch zu ihrem Stammbaum geworden, und indem
vergleichende Anatomie und Ontogenie zum Ausbau der Phylogenie zusammenwirken, schwebt ihnen als höchstes Ziel der letzteren die annähernde Erkenntniss jenes realen Stammbaumes vor.
Nun kann freilich bei GOETTE, der die Phylogenie überhaupt verwirft, und der uns die gesammte Morphologie durch die Ontogenie erklärt, „ohne dass die Phylogenie auch nur erwähnt zu werden brauchte", von einem Stammbaum der Organismen gar keine
Rede sein. Aber gleichviel, ob GOETTE das System der Thiere monistisch als ihren Stammbaum anerkennt, oder ob er es dualistisch
von einem „Schöpfungsgedanken Gottes" oder (— was auf dasselbe
hinauskommt —) von einem über den Sternen schwebenden obersten
„Formgesetz" ableitet, jedenfalls bestand für ihn die Verpflichtung,
dasselbe in den Kreis seiner Erörterungen zu ziehen. Diese Verpflichtung war für ihn gar nicht zu umgehen. Denn wenn nicht min-
destens die wichtigsten Beziehungen der zahlreichen, im Wirbel-
thier-Stamme vereinigten Classen und Ordnungen zu einander erläutert werden, wenn nicht wenigstens die Grundzüge ihrer systematischen Gruppirung in irgend einer Form gegeben werden, so fehlt
für eine „vergleichende Morphologie der Wirbelthiere" jeder Angriffspunkt, jede Handhabe. Da uns ferner GOETTE zu diesen erst
die „Grundlage" schenken will, so dürfen wir mit doppeltem
Rechte erwarten, dass er uns auch das wahre Verständniss für
das System der Wirbelthiere erschliessen und dieses auf neuer
„Grundlage" aufrichten werde. Finden wir ja doch bei allen anderen Naturforschern, die bisher werthvolle Beiträge zur Morphologie der Wirbelthiere lieferten, dass sie mittelbar oder unmittelbar von bestimmendem Einfluss auch auf das System waren. Ich
brauche wohl bloss an die systematischen Verdienste von GEORGE
CUVIER, CARL ERNST BAER, JOHANNES MÜLLER, RICHARD OWEN,
THOMAS HUXLEY und CARL GEGENBAUR zu erinnern.

Was bietet uns nun GOETTE auf seinen 964 Grossoctav-Seiten
für das System der Wirbelthiere? Nichts, gar Nichts! Nicht
allein vermissen wir jede vorausgeschickte oder in den Text ein-
geflochtene Erörterung über seine eigene Auffassung des Wirbel-

thier-Systems, (das bekanntlich sehr verschiedenen Deutungen unterliegt [1]), sondern wir erhalten auch nicht einen einzigen neuen Gedanken über das Verwandtschafts-Verhältniss der Vertebraten. Doch halt! Hier hätte ich beinahe eine sträfliche Unwahrheit und Ungerechtigkeit begangen! Freilich wirft uns GOETTE (wenn auch nur nebenbei) ein paar neue Gedanken unter den Tisch, und was für welche! „Nicht der Primordialschädel unterscheidet die Craniota vom Amphioxus, sondern der Besitz eines dem letzteren fehlenden Kopfes; nach der Entwickelung desselben stehen aber dem Amphioxus ganz unbedingt die Cyclostomen am nächsten [2]), und auf sie folgen nicht etwa die Selachier, sondern die Batrachier, vor allen die Anuren!" (Unke, S. 744.) Uebersetzen wir uns diesen letzteren Gedanken (der allerdings neu ist und den gewiss kein anderer Zoologe dem Embryographen der Unke streitig machen wird!) in eine klare phylogenetische Vorstellung, so ergiebt sich, dass die Amphibien (und unter diesen zunächst die rückgebildeten Schwanzlosen!) sich direct aus den Cyclostomen entwickelt haben, mit Ueberspringung der Fische (und speciell der Selachier!) Und doch bilden bekanntlich die Fische fast in jeder Beziehung eine zusammenhängende Reihe von vermittelnden Zwischenstufen zwischen den Cyclostomen und den Amphibien! Oder kann etwa der Schädel, das Gebiss, das Gehirn, das Gehörorgan, der Darm, der Kiemenbogen-Apparat der Frösche und Kröten direct von den Neunaugen abgeleitet werden, ohne dass sich die Fische (namentlich die Selachier) und auch die älteren kiementragenden Amphibien (Sozobranchien) überall dazwischen drängen? Oder kann man sich etwa vorstellen, dass der pentadactyle Fuss der Frösche und Kröten eines schönen Tages plötzlich einmal herausgewachsen ist, und dass er gar keine genetischen Beziehungen zu der polydactylen Flosse der Fische (und speciell der Selachier) besitzt?

Nach GOETTE bestehen solche Beziehungen freilich nicht, und die armen Fische bleiben als „Schmerzenskinder" des Wirbelthier-Stammes von jeder Stammesgemeinschaft mit den

---

1) Um sich zu überzeugen, wie verschieden die höchst wichtigen Verwandtschafts-Beziehungen der Wirbelthier-Classen und Ordnungen noch bis auf den heutigen Tag aufgefasst werden, vergleiche man nur z. B. meine phylogenetische Darstellung derselben in der „Generellen Morphologie" (Bd. II, S. CXVI—CLX) und diejenige von HUXLEY in seinem trefflichen „Handbuch der Anatomie der Wirbelthiere" (1873).

2) Dass unter allen bekannten Wirbelthieren die Cyclostomen dem Amphioxus am Nächsten stehen, hat noch kein Mensch in Zweifel gezogen.

übrigen Vertebraten ausgeschlossen, gleichwie weiland die Schleswig-Holsteiner aus Deutschland und die Lombardo-Venetianer aus Italien. Indessen dürfte es vielleicht nicht allzulange währen, bis auch die Fische bleibend ihren natürlichen Platz zwischen Cyclostomen und Amphibien wieder einnehmen.

Es ist gewiss eine bemerkenswerthe Thatsache, dass diejenigen Morphologen, die bisher als die gründlichsten und geistreichsten Vertreter der vergleichenden Anatomie galten, ganz besonderen Werth auf die Erkenntniss des Fisch-Organismus legten und diesem die eingehendsten Studien widmeten. Die „Histoire naturelle des poissons" von CUVIER, die vergleichende Anatomie der Myxinoiden, sowie die Arbeiten über die Grenzen der Ganoiden und über das System der Fische von JOHANNES MÜLLER, die Arbeiten über Süsswasserfische von SIEBOLD, über den Schädel der Fische von HUXLEY, über Flossenskelet und Kopfskelet der Selachier von GEGENBAUR u. s. w. legen dafür ein beredtes Zeugniss ab. Alle diese vortrefflichen Untersuchungen werden von GOETTE entweder einfach ignorirt oder mit der in allen Tonarten variirten Bemerkung abgefertigt, dass sie „wegen mangelnden Verständnisses ihr Ziel verfehlt" haben. Auf die Fische selbst aber geht unser Unkenforscher nirgends gründlich ein!

Am meisten ist unter so bewandten Umständen gewiss der arme CARL GEGENBAUR zu bedauern! Bekanntlich hat dieser Morphologe, der in der vergleichenden Anatomie der Gegenwart die erste Stelle einnimmt, nicht allein das Gesammtgebiet dieser Wissenschaft durch geistreiche und kritische Anwendung der phylogenetischen Methode reformirt, sondern auch in einer Reihe von speciellen „Untersuchungen zur vergleichenden Anatomie der Wirbelthiere" ein bisher unübertroffenes Muster phylogenetischer Behandlung von höchst complicirten morphologischen Problemen geliefert. Den Ausgangspunkt dieser Untersuchungen bilden die Fische, und unter diesen die Selachier. Die gründlichste Sorgfalt der anatomischen Untersuchung, die scharfsinnigste Behandlung der Objecte verbinden sich in diesen classischen Arbeiten mit der ausgedehntesten Beherrschung des Gesammtgebietes, der grössten Umsicht in der Schlussfolgerung und der glücklichsten Erkenntniss der verwickelten, oft so versteckten Beziehungen. Insbesondere sind es zwei Untersuchungsreihen, welche GEGENBAUR die allgemeine Bewunderung der Fachgenossen eingetragen haben: die Forschungen über die Gliedmaassen und über den Schädel der Wirbelthiere; beides zwei Haupt-Probleme, an denen bereits die

geistreichsten Morphologen ihre Kräfte erprobt hatten. In den
Untersuchungen über die Gliedmaassen (den Schultergürtel, Carpus
und Tarsus, die Fischflosse) zeigt er uns, dass die vielzehige
Flosse der Fische (und speciell jene der Selachier, der Haifische
und Rochen) mit ihrem ursprünglich gefiederten, später halbge-
fiederten Skelet die Grundlage des Wirbelthier-Fusses bildet; aus
jener Urform hat sich erst später der fünfzehige Fuss entwickelt,
den wir zuerst bei den Amphibien finden und der sich von diesen
auf alle höheren Wirbelthiere, bis zum Menschen hinauf, vererbt
hat. In den „Untersuchungen über das Kopfskelet der Selachier,
als Grundlage zur Beurtheilung der Genese des Kopfskelets der Wirbelthiere" weist Gegenbaur nach, dass der Urschädel der Fische
(und wiederum zunächst derjenige der Selachier) die Urform des
Schädels bilde, aus welcher derjenige aller höheren Wirbelthiere
bis zum Menschen hinauf durch eine zusammenhängende Reihe
der merkwürdigsten Umbildungen hervorgegangen sei. Diese neue
„Schädel-Theorie" verdient um so mehr Bewunderung, als seit
Goethe und Oken eine Reihe von hervorragenden Morphologen
das schwierige Problem vergeblich zu lösen versucht hatten.

Wie verhält sich nun Goette zu diesen wahrhaft „grundlegenden" Untersuchungen? Jedenfalls mussten sie ihm höchst
unbequem sein, da er sie weder verstehen, noch ganz ignoriren,
noch aus dem Wege räumen konnte. Nachdem er also herablassend
Gegenbaur das Zeugniss ausgestellt hat, dass seine „Versuche
in formeller Hinsicht ein Muster vergleichend-anatomischer Darstellung und in der Durchführung ein glänzendes Zeugniss anatomischen Scharfsinns" seien, belehrt er ihn unmittelbar darauf
wohlwollend, dass seine Ziele verfehlt, seine Deutungen irrig, seine
Vergleiche unglücklich seien (Unke, S. 706 u. a. a. O.). Auf die
Gliedmaassen lässt sich Goette in seinem „grundlegenden" Werke
gar nicht ein, weil diese keine morphologische Bedeutung haben (!)
und „aus der Reihe allgemein typischer Theile zu streichen scien"
(!! Unke, S. 469). Dabei verwechselt er (wie es ihm sehr oft pas-
sirt) Ursache und Wirkung! Gegenbaur hat ihm dies mit
grausamer Logik vorgerechnet und dabei das Absurdum nachgewiesen, „dass Goette Etwas als Ursache gelten lässt, welches, wenn es bestünde, das gerade Gegentheil entstehen lassen
müsste"[1]. Während so die unbequemen Gliedmaassen durch die

---

1) Gegenbaur, Morpholog. Jahrb. Bd. I, S. 323, 324. Auf Goette's Bemerkung, dass das Extremitäten-Skelet der Wirbelthiere keine morphologische Bedeutung habe, antwortet Gegenbaur: „Es sind also typisch unwichtige Dinge!

einfache Erklärung ihrer Bedeutungslosigkeit aus der Welt ge-
schafft werden, finden wir dagegen über die Schädeltheorie eine
sehr ausführliche, 61 Seiten lange Erörterung (S. 683—744), ausgezeichnet durch völligen Mangel an Verständniss des höchst
schwierigen Objectes, ungenügende Kenntniss der Thatsachen, Unfähigkeit zu ihrer Beurtheilung, Verworrenheit und Unklarheit in
der Darstellung. Das Resultat derselben lässt sich in dem einfachen Satze zusammenfassen: „Die von GEGENBAUR auf die vergleichende Untersuchung des Selachier-Kopfes gegründete Schädel-
Theorie ist desshalb falsch, weil in der Ontogenie der Unke Nichts
von den Formenverhältnissen zu finden ist, auf welche der erstere
jene Theorie gründet!" Wer über diese wunderbare Logik etwa
erstaunen sollte, der wird bei näherem Studium des Unkenwerkes
finden, dass sie die leitende Methode seiner Schlussfolgerungen
bildet. Dieselbe Logik würde es sein, wenn ein Histologe den
Satz aufstellen wollte: „Die ganze Zellentheorie ist falsch, und
der Zellenkern hat keine Bedeutung, weil in den cerebrospinalen
Nervenprimitivfasern der Wirbelthiere keine Zellenkerne vorkom-
men. Dieselbe Logik habe ich kürzlich wiederholt von den Gegnern meiner Gastraea-Theorie hören müssen: „Weil bei den höheren Wirbelthieren nicht dieselbe ursprüngliche Gastrula-Form, wie
beim Amphioxus und den niederen Wirbellosen sich findet, des-
halb ist die ganze Gastraea-Theorie falsch!" Freilich ist solche
„morphologische" Logik in der heutigen Biologie sehr beliebt. In

Fast könnte ich nach solchem Urtheilsspruche mit einiger Wehmuth und Reue auf
die Bemühungen blicken, die ich Jahre hindurch zur Herstellung eines Verständnisses des Gliedmaassen-Skelets aufgewendet habe! Doch sehen wir uns die elimi-
nirenden Gründe etwas näher an! Zuerst muss bemerkt werden, dass noch Niemand die Gliedmaassen als allgemein typische Theile aller Wirbelthiere bezeichnet hat, seit man die Cyclostomen und Amphioxus zu den Wirbelthieren zählt.
Aber den Gnathostomen (von den Fischen bis zum Menschen aufwärts!) kommen sie als „allgemein typische Theile" zu, und zwar ebenso gut wie die
Kiemenbogen, die doch auch GOETTE als typische Theile betrachtet, obschon
sie den Cyclostomen wie Amphioxus fehlen! Dass die Gliedmaassen
ausser Gebrauch gesetzt sich rückbilden, und in einzelnen engeren Abtheilungen
völlig schwinden können, ist doch kein Grund, sie vom typischen Skelet der Gnathostomen auszuschliessen. Reducirt sich doch der mächtige Kiemenbogen-Apparat
der Fische auf einige kümmerliche Skelettheile bei den Säugethieren, und Niemand
fällt es ein, den Schwanz der Wirbelthiere aus den typischen Theilen zu streichen,
weil er sehr wechselvolle Ausbildungen und Rückbildungen aufweist, oder vielleicht
von der Wirbelsäule nur die Anzahl von Wirbeln für typische zu erklären, die
der Minimalzahl entspricht, so dass auch darin die Unke zum mustergülti-
gen Paradigma würde" (l. c. S. 323).

den zoologischen Schriften von CLAUS, SEMPER, METSCHNIKOFF, DÖNITZ u. A. finden sich dafür zahlreiche Beispiele, deren Kritik wir den Philosophen überlassen. Wenn Jemand aber eine neue „Grundlage" für eine ganze Wissenschaft geben will, wie GOETTE, so ist es doch wohl gerathen, diejenige Logik anzuwenden, die in allen übrigen Wissenschaften als solche allgemein gültigen Curs hat. Da GEGENBAUR bereits seine Schädeltheorie kräftig in Schutz genommen und das völlig Unhaltbare und Grundlose der von GOETTE dagegen aufgestellten „Theorie" klar dargelegt hat (l. c. p. 325— 340), so brauche ich hier nicht weiter darauf einzugehen. Ich will nur noch kurz den gewaltigen, auch von GEGENBAUR schon gerügten Missgriff beleuchten, den GOETTE in der Wahl seines Hauptobjectes, der Unke beging. Wie der erstere mit Recht betont, ist bei der „vergleichenden Morphologie" einer grösseren oder kleineren Thiergruppe die Wahl des Ausgangspunktes Nichts weniger als gleichgültig (l. c. p. 300, 301). Wenn man die Morphologie des gesammten Wirbelthierstammes vergleichend behandeln will, so kann man entweder von oben oder von unten anfangen: Man kann entweder von Menschen, als dem höchst entwickelten und am genauesten untersuchten Wirbelthier ausgehen, und das ist der historische Gang der Erkenntniss, den die „vergleichende Morphologie der Wirbelthiere", durch die menschliche Anatomie geleitet, thatsächlich zuerst genommen hat. Oder man kann den rationellen und natürlich weit besseren Weg wählen, der von unten nach oben aufsteigt, der von den einfachsten, niedersten Wirbelthieren, von dem Amphioxus, den Cyclostomen, den Fischen ausgeht, in deren primitiver Organisation den Schlüssel des Verständnisses sucht und uns dann stufenweise aufsteigend in die verwickelteren und schwierigeren Verhältnisse der höheren Wirbelthiere einführt; und das ist der Weg, den mit glänzendstem Erfolge die Coryphaeen unserer Wissenschaft, CUVIER, JOHANNES MÜLLER, RATHKE, OWEN, HUXLEY, GEGENBAUR eingeschlagen haben. Was thut aber GOETTE? Er greift ohne Grund ein beliebiges Wirbelthier von mittlerer Organisationstufe (welches man ebenso gut durch ein blindes Loos aus einem Topfe hätte ziehen können!) mitten aus der reichen Masse der Wirbelthierformen heraus und stellt dieses ohne Weiteres als massgebenden Typus des ganzen Stammes hin. Gelegentlich versichert er uns, „dass die Batrachier, weil sie, wie in den meisten embryologischen Beziehungen (!), so auch in der Bildungsgeschichte des Kopfes die einzigen klaren und

vollständigen Befunde liefern (!!) [1]) und ferner die Ueber-
gänge von niederen zu höheren Formzuständen uns lebendig vor die
Augen führen, desshalb die einzig sichere Grundlage für
jede vergleichende Betrachtung der Wirbelthiere bieten"! (sic! Unke,
S. 706). Die eingehenden Beweise für diesen erstaunlichen Satz,
die nirgends zu finden sind, ist uns natürlich auch GOETTE schul-
dig geblieben und wir müssen das falsche, darin ausgesprochene
Dogma auf Treu und Glauben hinnehmen! Dieses Dogma, das zu
allen uns bekannten Verwandtschaftsbeziehungen der Wirbelthiere
in klarem Widerspruche steht, ist aber die Grundlage, auf welcher sich das ganze, grosse, künstliche Gebäude von GOETTE erhebt
— „eine umgekehrte Pyramide", wie GEGENBAUR treffend bemerkt.
Warum gerade die Unke, der Bombinator igneus? Ebenso gut wie
die Unke, hätte GOETTE den Aal oder die Schlange [2]), den Pinguin
oder den Wallfisch als „Typus der Wirbelthiere" bezeichnen und
zum Ausgangspunkte ihrer „vergleichenden Morphologie" wählen
können! Es wäre dasselbe, wenn Jemand die Culturgeschichte des
Deutschen Volkes schreiben und dafür die heutigen Zustände in
Mecklenburg oder in Lippe-Bückeburg als „Typus" bezeichnen und
zur Basis wählen würde! Selbst wenn man von der Amphibien-
Classe ausgehen wollte (— wofür sich ja Gründe anführen lassen!—)
sind doch jedenfalls die schwanzlosen Batrachier, die Frösche,
Krötenfrösche (wozu die Unke gehört) und die Kröten diejenige
Gruppe, die am wenigsten als typischer Ausgangspunkt gewählt
werden dürfte! Denn alle diese schwanzlosen Amphibien sind theilweise (besonders durch Reduction der Wirbelsäule) stark rückgebildet, theilweise (z. B. in Betreff des eigenthümlichen Schädels)
einseitig ausgebildet, also entfernte, modificirte Seiten-
zweige des Vertebraten-Stammbaums, aus deren Beschaffenheit
wir uns (auch bei genauester Kenntniss) keine richtige Vorstellung von der Gestalt und Verzweigung des ganzen Stammes bilden
können!

---

1) Der wahre Grund, warum nach GOETTE's Ansicht „die Batrachier die einzigen klaren und vollständigen Befunde liefern", ist der, dass er sich Jahre lang
mit den Batrachiern ganz vorwiegend beschäftigt hat und diese allein genau
kennt, während er von den übrigen Wirbelthieren nur oberflächliche Kenntnisse
hat und deren Organisation zu würdigen überhaupt nicht im Stande ist. Sehr bezeichnend dafür ist der Umstand, dass der Amphioxus nur selten gelegentlich
erwähnt und auf seine primitive Bildung gar kein besonderes Gewicht gelegt wird.

2) Da diese Thiere ihre Gliedmaassen verloren haben und da die Gliedmaassen keine typischen Theile sein sollen, würden sie sich ganz besonders als „Typus"
den Vertebraten empfehlen!

Ich denke, der Leser wird aus unserer bisherigen Analyse des grossen Unkenbuches sich zur Genüge überzeugt haben, wie dasselbe den gewaltigen, schon auf dem Titel angekündigten Ansprüchen gerecht wird, die „Grundlage einer vergleichenden Morphologie der Wirbelthiere" zu werden. Weder kann diese umfangreiche Embryographie (— und mehr ist sie nicht! —) als „Morphologie" bezeichnet werden, noch kann sie in wirklich wissenschaftlichem Sinne „vergleichend" genannt werden. Da sie ferner in ihren brauchbaren und werthvollen Theilen lediglich eine höchst detaillirte und sorgfältige Beschreibung und Abbildung der Keimesgeschichte eines einzigen Wirbelthieres ist, und noch dazu eines eigenthümlichen, theils rückgebildeten, theils einseitig verbildeten Amphibiums, so kann sie auch nicht für die Morphologie der sämmtlichen übrigen Wirbelthiere maassgebend sein, um so weniger, als ja eine brauchbare und kritische Vergleichung nirgends durchgeführt ist! Es bleibt uns aber schliesslich doch noch einer und zwar der grösste Anspruch zu erörtern, derjenige, dass GOETTE eine Grundlage für unsere Wissenschaft liefern will.

Die „Grundlage einer vergleichenden Morphologie der Wirbelthiere"! Also hat diese „Grundlage" bisher gefehlt? Also schweben alle die zahlreichen, ausführlichen und werthvollen Arbeiten, die wir gerade über die Morphologie der Wirbelthiere besitzen, in der Luft und entbehren der Grundlage? Die bisher in unserer Wissenschaft herrschende „öffentliche Meinung", die jetzt erst durch ALEXANDER GOETTE aufgeklärt wird, war allerdings anderer Ansicht, und ich bekenne, dass auch ich dieser verkehrten Ansicht bis auf den heutigen Tag gehuldigt habe! Wir Alle befanden uns in dem grossen Irrthume, dass (— abgesehen von den werthvollen Vorarbeiten, die schon im vorigen Jahrhundert PETER CAMPER, PETER PALLAS und ALEXANDER MONRO lieferten —) die erste tiefe, umfassende und bleibende „Grundlage einer vergleichenden Morphologie der Wirbelthiere" im Anfange dieses Jahrhunderts durch GEORGE CUVIER gelegt worden sei, durch seine berühmten „Leçons d'anatomie comparée" und die vollständige dadurch bewirkte Reform des Thier-Systems. Diesen armseligen CUVIER kennt GOETTE entweder nicht oder er hält seine „Irrthümer" nicht der Widerlegung werth; denn, wie bereits bemerkt, wird der Name CUVIER in dem ganzen, 964 Seiten langen Unkenwerke nicht einmal genannt! Wir Alle theilten ferner den Irrthum, dass schon vor einem Jahrhundert durch CASPAR FRIEDRICH WOLFF in seiner „Theoria generationis" und vor einem halben Jahrhundert durch BAER in seinen unübertrof-

fenen Untersuchungen „Ueber Entwickelungsgeschichte der Thiere"
eine unerschütterliche Grundlage für den ontogenetischen Theil
der Vertebraten-Morphologie ebenso gegeben sei, wie durch CUVIER
für den vergleichend-anatomischen Theil! Wir Alle waren ferner in
dem Irrthum befangen, dass J.F. MECKEL durch sein „System der vergleichenden Anatomie" (1821—1833), dass JOHANNES MÜLLER durch
seine classische „Vergleichende Anatomie der Myxinoiden" (1835—
1845) wie ROBERT REMAK durch seine „Untersuchungen über die Entwickelung der Wirbelthiere" (1850—1855) die Morphologie dieses
Stammes ausserordentlich vervollkommnet habe. Wir huldigten ferner dem Irrthum, dass GEOFFROY S. HILAIRE, BLAINVILLE, OWEN,
RATHKE, BISCHOFF, LEYDIG, KOELLIKER und viele Andere jene
„Grundlagen" wesentlich erweitert haben; und wir können endlich
auch den Irrthum nicht leugnen, dass THOMAS HUXLEY und vor
Allen CARL GEGENBAUR durch die Anwendung phylogenetischer
Methoden jene „Grundlagen" mächtig vertieft und befestigt haben.
Alle diese Männer befanden sich im „Irrthum", weil sie „wegen
mangelnden Verständnisses ihr Ziel verfehlten" und weil sie GOET-
TE's „Formgesetz" nicht kannten! Von allen jenen Irrthümern werden wir nun mit einem Male durch den grossen Unkenforscher befreit, und wie ALEXANDER DER GROSSE eine neue „Grundlage" für
die gesammte politische und nationale Gestaltung der alten Welt
legte, so empfangen wir durch ALEXANDER GOETTE anstatt jener
veralteten und unbrauchbaren Fundamente die neue „Grundlage
einer vergleichenden Morphologie der Wirbelthiere"!

Diesen maasslosen Ansprüchen GOETTE's gegenüber müssen wir
constatiren, dass in Wahrheit schon seit mehr als einem Jahrhundert die Arbeiten der genannten Coryphaeen uns die wichtigsten
Grundsteine für die Morphologie der Wirbelthiere geliefert haben,
und — wie GEGENBAUR sehr gut bemerkt — „sie werden es bleiben, wie hoch auch der Weiterbau der Wissenschaften sich später
einmal darauf erheben mag. Wie in der Ontogenie ein Fortschrei-
ten vom Einfacheren zum Complicirteren, vom Niederen zum Höheren stattfindet, so zeigt auch die Entwickelung der Wissenschaft
einen ähnlichen Gang; und die Bedeutung der Vorgänger für die
Nachfolger ist eben so wenig zu unterschätzen, als der Werth der
Anlage für den entwickelten Organismus. Für die, welche die Wissenschaft weiter zu bilden versuchen, ist es somit am Meisten zu
beherzigen, wie einmal der Standpunkt, von dem aus sie ihre Arbeit beginnen, einzig durch die Arbeit der Vorgänger zu erreichen
war, und wie Alles, was sie Neues an Erfahrungen und Anschauun-

5 *

gen der Wissenschaft zuführen, mit seinen Anfängen weit zurück in längst vergangene Zeiten reicht!" (Morpholog. Jahrbuch, 1875, S. 300).

Für ALEXANDER GOETTE freilich, den Grossen, sind solche historische Anschauungen ein überwundener Standpunkt! Seine neue Entwickelungs-„Geschichte" ist ja eben dadurch ausgezeichnet, dass sie nicht geschichtlich, nicht historisch ist! Damit beginnt natürlich eine ganz neue Epoche für unsere gesammte Wissenschaft! Die Wissenschaft muss umkehren! Sagt es uns nicht ihr Reformator GOETTE selbst ausdrücklich, in seiner vernichtenden Polemik gegen CARL ERNST BAER? Hören wir selbst seine Worte: „Die voranstehende Erörterung erscheint ganz natürlich zunächst nur als eine gegen BAER gerichtete Kritik. Hinter diesem Namen steht aber auch unsere gegenwärtige Wissenschaft, und ich will nicht leugnen, dass mein Widerspruch mehr dieser gilt, als Demjenigen, dessen Namen sie decken soll!" (Unke, S. 255). Der arme alte BAER! Er hat also nicht nur selbst sich im tiefsten Irrthum befunden, sondern auch noch die schwere Schuld auf sich geladen, unsere ganze gegenwärtige Wissenschaft in den Sumpf zu locken. Das ist freilich schlimm. Sehen wir uns aber doch etwas näher die Gründe seiner Verschuldung an!

„Bei BAER überwog die rein anatomische Vorstellung in der Entwickelungsgeschichte. Baer suchte im Entwickelungsverlaufe gar nicht nach allgemein gültigen Normen, welche erst die anatomische Auffassung bestimmen sollten" (sic!) — „BAER war eben Anatom, bevor es noch eine Entwickelungsgeschichte gab (!) — Die BAER'schen Schemata stellen noch immer die Dogmen vor, nach denen die Anatomie ihre Urtheile abwägt." (Unke, 306, 307.) Fassen wir diese und ähnliche Urtheile, wie sie in der langen, gegen BAER gerichteten Polemik (S. 252—255, S. 299—308, S. 575—579 u. a. a. O.) vielfach wiederkehren, in einem Satze zusammen, so ergiebt sich als Hauptvorwurf die Schuld, dass BAER Morpholog war, dass er beide Hauptzweige der Morphologie, vergleichende Anatomie und Entwickelungsgeschichte, gleichmässig cultivirte und die Mängel des einen durch die Vorzüge des andern zu ergänzen und auszugleichen suchte. Wenn BAER die GOETTE'sche Methode gekannt hätte, wenn er die vergleichende Anatomie und Systematik gründlich ignorirt und sich auf die Beschreibung der blossen Entwickelung (am besten eines einzigen Wirbelthieres, z. B. der Unke) beschränkt hätte, dann wäre ihm vielleicht auch das Licht des mystischen „Formgesetzes" aufgegangen und er wäre vor jenen „Irrthümern" bewahrt geblieben.

Nicht wenig bezeichnend für sein Verständniss Baer's ist es, dass Goette, dieser Vertreter des crassesten Dualismus, die Grundanschauung Baer's als „Teleologie" bezeichnet und bekämpft. Allerdings hat Baer in späteren Schriften einen „Zweck" in der Natur vertheidigt und unter dem Begriffe der „Zielstrebigkeit" ein teleologisches Princip in die Entwickelungsgeschichte hineingezogen. Allein diese Art von Teleologie, über die sich noch reden liesse, ist weit entfernt von der groben und rohen, äusserlichen Zweckmässigkeitslehre, wie sie in der dualistischen Theologie und Theosophie so sorgfältig gepflegt wird. Baer's Hauptwerk aber ist entschieden monistisch. Am Schlusse von dessen Vorrede sagt er ausdrücklich: „Noch Manchem wird ein Preis zu Theil werden. Die Palme aber wird der Glückliche erringen, dem es vorbehalten ist, die bildenden Kräfte des thierischen Körpers auf die allgemeinen Kräfte und Lebensrichtungen des Weltganzen zurückzuführen." Und am Schlusse des Werkes selbst giebt er seiner monistischen Ueberzeugung folgenden herrlichen Ausdruck: „Ein Grundgedanke ist es, der durch alle Formen und Stufen der thierischen Entwickelung geht und alle einzelnen Verhältnisse beherrscht. Derselbe Gedanke ist es, der im Weltraum die vertheilte Masse in Sphären sammelte und diese zu Sonnensystemen verband; derselbe, der den verwitterten Staub an der Oberfläche des metallischen Planeten in lebendige Formen hervorwachsen liess. Dieser Gedanke ist aber Nichts als das Leben selbst, und die Worte und Sylben, in welchen er sich ausspricht, sind die verschiedenen Formen des Lebendigen." Das ist aber der grosse Grundgedanke des Monismus, der allumfassende Grundgedanke einer einheitlichen, lebendigen Entwickelung der Gesammtnatur, den ich selbst stets als die Richtschnur wahrer Wissenschaft vertreten und hervorgehoben habe. Nur ein so confuser Kopf, wie Goette, kann darin dualistische Teleologie erblicken. Sein eigener, durch und durch dualistischer Standpunkt ist freilich ganz entgegengesetzt, wie schon daraus hervorgeht, dass er nur für die Organismen eine Entwickelung zulässt, nicht für die Anorgane.

Goette's Polemik gegen Baer gipfelt in den merkwürdigen Erörterungen über den Begriff des Typus (Unke, S. 252—255). Bekanntlich war es ein Hauptverdienst Baer's, dass er in seinem

Hauptwerke zuerst klar und scharf die individuelle Entwickelung jedes Organismus auf zwei verschiedene und gewissermaassen entgegengesetzte Verhältnisse zurückführte, auf den Grad der Ausbildung und den Typus der Organisation.[1) „Der Grad der Ausbildung des thierischen Körpers besteht in der grösseren histologischen und morphologischen Sonderung (Differenzirung.) Je gleichmässiger die ganze Masse des Leibes ist, desto geringer die Stufe der Ausbildung. Je verschiedener sie ist, desto entwickelter das thierische Leben in seinen verschiedenen Richtungen. Der Typus dagegen ist das Lagerungsverhältniss der organischen Elemente und der Organe. Dieses Lagerungsverhältniss ist der Ausdruck von gewissen Grundverhältnissen in der Richtung der einzelnen Beziehungen des Lebens. Der Typus ist von der Stufe der Ausbildung durchaus verschieden, so dass derselbe Typus in mehreren Stufen der Ausbildung bestehen kann, und umgekehrt dieselbe Stufe der Ausbildung in mehreren Typen erreicht wird." Die klare Unterscheidung dieser beiden verschiedenen, in Gegensatz und in Wechselwirkung zu einander stehenden Verhältnisse, die ich ihrem Entdecker zu Ehren das BAER'sche Gesetz genannt habe (Anthropogenie, S. 47), hat die grösste Bedeutung für die Entwickelungsgeschichte gewonnen. Erstens wurde damit ein klares Ziel und ein neuer Weg für die Erkenntniss des Causalzusammenhanges der Entwickelung gegeben, und zweitens stehen jene beiden Grundverhältnisse in der innigsten Beziehung zu den beiden „formbildenden Functionen" der Descendenz-Theorie. Denn, wie ich in der Generellen Morphologie (Bd. II, S. 11) ausgeführt habe, ist BAER's Typus der Entwickelung (oder der morphologische Charakter der Organisation) weiter Nichts als die Folge der Vererbung, und BAER's Grad der Ausbildung (oder die morphologische Höhe der Organisation) weiter Nichts als die Folge der Anpassung.

Was sagt nun GOETTE zu diesem höchst wichtigen und einflussreichen BAER'schen Gesetze? „Indem BAER zunächst vom Standpunkte der vergleichenden Anatomie aus nach realen Werthen suchte (!), entging ihm die ganze Bedeutung jenes Grundsatzes (Hört! Hört!) Von einer hervorragenden Erscheinung gefesselt[2), vermochte er denselben weder im Ganzen noch im Ein-

---

1) CARL ERNST BAER, Ueber Entwickelungsgeschichte der Thiere. Königsberg 1828. Bd. I, S. 207, 208, 231.

2) War diese „hervorragende Erscheinung" vielleicht die Göttin Vernunft, die ADOLF BASTIAN in seinem „offenen Briefe" an mich als „eine unreife Früh-

zelnen folgerecht durchzuführen" (sic! Unke, S. 253). Natürlich!
Denn, wie wir in der darauf folgenden, höchst unklaren und confusen Erörterung über Typus, Grad, Schema, Variation, Causalge-
setz, Formbedingungen u. s. w. erfahren, verfuhr BAER bei Aufstellung jenes Gesetzes „ganz willkührlich", inconsequent und
einseitig. Erst dem grossen GOETTE war es vorbehalten, ein halbes Jahrhundert nachdem das BAER'sche Gesetz seine unheil-
volle Wirksamkeit überall und reichlich entfaltet, die wahre und
„ganze Bedeutung jenes Grundgesetzes" zu erkennen. Denn, wie
uns GOETTE belehrt — Hört! Hört! jetzt wird das grösste Geheimniss der Entwickelungsgeschichte offenbar:
„Der Typus ist die Höhe der morphologischen
Entwickelung"!! (sic! Unke, S. 255.)
Hier versagt mir die Feder! Ich hoffe, dem Leser reisst mit
mir der Faden der Geduld, und er stimmt mir bei, wenn ich erkläre, dass eine gleich anspruchsvolle und sinnlose Anmaassung in der Wissenschaft unerhört ist und die härteste
Züchtigung vor deren öffentlichem Forum verdient! Ein völlig
unklarer und unreifer Handlanger der Wissenschaft, dem jedes
tiefere Verständniss für deren Ziele und Wege abgeht, wagt es,
den anerkannt grössten Meister derselben, auf dessen Schultern wir
Alle stehen, darüber zu belehren, dass er seine eigenen wichtigsten,
von ihm selbst erst festgestellten Grundbegriffe nicht
verstehe, und dass sie eigentlich ihr Gegentheil bedeuten!!
BAER, der genetische Begründer der Typen-Theorie, zeigt uns, dass
der Typus von der Stufe oder Höhe der morphologischen Entwickelung durchaus verschieden ist! GOETTE versichert uns dagegen, dass
der Typus selbst die Höhe oder Stufe der morphologischen Entwickelung ist! Es ist genau dasselbe, wie wenn etwa MICHELIS oder
WIGAND herablassend DARWIN darüber belehren wollten, dass die
Vererbung eigentlich die Anpassung sei, oder auch umgekehrt!
Wenn unter den heute noch lebenden Naturforschern Eine
Persönlichkeit sich mit Recht der allgemeinsten Verehrung und
Hochachtung erfreut, so ist es CARL ERNST BAER; und wenn die
classischen, im besten Sinne naturphilosophischen Schriften
eines Coryphaeen noch heute als unübertroffene Muster von exacter
Beobachtung und philosophischer Reflexion allgemein bewundert
werden, so ist es die Entwickelungsgeschichte dieses Altmeisters

---

geburt" bezeichnet hat, „gegen deren Inthronisirung auf das Ernstlichste prote-
stirt werden muss?"

unserer Wissenschaft. Und diesen BAER wagt ein GOETTE so zu schulmeistern! Es wäre dasselbe, wenn ein Steinmetzgeselle, der ein paar neue zierliche Arabesken für eine zerstörte Fensternische des Strassburger Münsters gemeisselt hat, darauf hin sich erdreisten wollte, ERWIN VON STEINBACH's unsterblichen Dom für ein verfehltes Machwerk zu erklären, dessen gothische Fensterbogen eigentlich mit der Spitze nach unten sehen müssten!

Nach diesen stärksten Proben GOETTE'scher Naturphilosophie verzichte ich auf eine weitere Kritik seines Unkenwerkes, abschon dasselbe noch reiches Material für viele ähnliche Betrachtungen bietet. Was liesse sich z. B. nicht Alles über seine unglaublichen Vorstellungen vom Causalgesetze, vom Polymorphismus, von der Individualität, von den „Protozoen-Eiern" u. s. w. sagen? Indessen mag einstweilen das Angeführte genügen. Man wird vielleicht finden, dass es nicht nöthig gewesen sei, ein Werk, das sich selbst so kläglich blossstelle, einer so schonungslosen Kritik zu unterziehen. Wenn ich aber auch ganz davon absehe, dass die unaufhörlichen, den ganzen allgemeinen Theil des Werkes durchziehenden Angriffe gegen meine morphologischen Arbeiten mir eine energische Vertheidigung geradezu abnöthigen und mich zum Angriff meines Gegners zwingen, so hielt ich eine eingehende Kritik des Werkes aus zwei Gründen für dringend geboten. Erstens ist vorauszusehen, dass das bestechende Aeussere des Unkenbuches ihm eine grosse Anzahl von Bewunderern zuführen wird. Der gewaltige Umfang allein schon, der alle bisher im Gebiete der Entwickelungsgeschichte erschienenen Schriften übertrifft, muss jedenfalls imponiren! Sodann verdient der beigefügte Atlas, der uns auf 22 lithographischen Tafeln 382 Figuren giebt, das höchste Lob. Denn die prachtvollen Abbildungen, welche offenbar nach einer grossen Auswahl vorzüglicher Präparate angefertigt sind, zeichnen sich eben so wohl durch die grösste Sorgfalt und gewissenhafte Naturtreue, wie durch künstlerische Ausführung und elegante Lithographie aus [1]). Diese glänzende Aussenseite muss schon auf den ersten Blick gewiss das günstigste Vorurtheil für das grosse Werk erwecken; und selbst der schöne Druck und das gute Papier (— bekanntlich für viele Leser ein sehr bedeutendes Argument der Kritik —) werden demselben sehr zu gute kommen. Auch ist gar nicht zu zweifeln, dass in dem sehr reichen, darin nieder-

---

1) Die Klarheit der Abbildungen steht in merkwürdigem Contraste zu der Unklarheit des Textes.

gelegten Beobachtungsmaterial, der Frucht vieljährigen, unermüd-
lichen Fleisses, eine Masse von werthvollem Detail versteckt liegen
wird, das sich von einer ordnenden und kritisch reinigenden Hand
zu werthvollen Bausteinen wird gestalten lassen. Aber je leichter
die Mehrzahl der Leser sich theils durch diesen materiellen Reichthum, theils durch jene glänzenden äusseren Vorzüge des Werkes
wird bestechen lassen, desto nöthiger ist es, das gänzlich Verfehlte
des allgemeinen Standpunktes und die völlige Unhaltbarkeit der „Grundlage" hervorzuheben, auf der sich das ganze
grosse Gebäude, diese riesige „umgekehrte Pyramide" erhebt. Auch
ist nicht zu übersehen, dass gerade die ausserordentliche Unklarheit und Verworrenheit des Gedankenganges, die fürchterliche
Schwerfälligkeit und Unverständlichkeit der Schreibart ihre grossen
Gefahren birgt. Denn nur die wenigsten Leser werden die nöthige
Geduld haben, um längere Abschnitte des Werkes im Zusammenhange
ernstlich zu studiren und dabei viele Sätze dreimal, sechsmal oder
noch öfter zu lesen, ehe der Sinn derselben einigermaassen zu
enträthseln ist. Manche Leser werden sogar — wie es auch bei
den höchst unklaren, in vieler Beziehung sehr ähnlichen Schriften
von Reichert [1]) der Fall war, — hinter den dunkeln Orakeln einen
ganz besonderen Weisheitskern vermuthen.

Es wird daher gewiss dem Unkenwerke an Bewunderern und
Verehrern nicht fehlen, wenngleich die Wenigsten sich der un-
dankbaren und wahrlich nicht leichten Arbeit unterziehen werden,
sich durch dasselbe hindurchzuarbeiten. Wie sehr das glänzende
Aeussere des Werkes und sein materieller Reichthum zu imponiren vermag, das zeigt u. A. folgende, in dem letzten Jahresberichte über Entwickelungsgeschichte enthaltene Aeusserung des
Strassburger Anatomen Waldeyer: „Die bedeutsamste Erscheinung auf dem diesjährigen Gebiete der embryologischen und zugleich vergleichend morphologischen Literatur ist unstreitig
das grosse und prachtvoll ausgestattete Werk Goette's." Der Re-
ferent macht ausdrücklich darauf aufmerksam, dass dasselbe „für
den Histologen und Embryologen sowohl, wie für den Anatomen

---

1) Bekanntlich galten bis jetzt die embryologischen Schriften von Boguslaus
Reichert in Berlin für die unklarsten und verworrensten Producte unserer Wissenschaft und es gehört viel Geduld dazu, sich durch sie hindurchzuarbeiten (Vergl.
meine „Bemerkungen zur Protoplasma-Theorie" in der „Monographie der Moneren").
Allein jetzt ist Reichert durch Goette noch weit übertroffen. Auch Reichert
ging vorzugsweise von den Amphibien aus. Ist dieser auffallende Parallelismus
Analogie oder Homologie?

und Zoologen **gleich werthvoll**" sei [1]). Allerdings werden wir diese Lobeserhebung mit einiger Reserve aufzunehmen haben, wenn wir in demselben Jahresberichte erfahren, dass die ganz kritiklosen und oberflächlichen Aufsätze SEMPER'S [2]) über die Stammverwandtschaft der Wirbelthiere und Anneliden „unstreitig zu den folgenschwersten Arbeiten im Gebiete der vergleichenden Morphologie und Embryologie gehören; und dass dadurch eine neue Brücke zwischen dem Reiche der Evertebraten und Vertebraten geschlagen wird." Ob diese „neue Brücke" von den Anneliden zu den Vertebraten die „alte Brücke", welche die Ascidien zum Amphioxus geschlagen hatten, überflüssig macht, oder ob nunmehr zwei Brücken die Wirbelthiere mit den Wirbellosen verbinden, ist leider nicht gesagt. Im letzteren Falle würde ein Theil der Wirbelthiere (vielleicht die Batrachier?) von den Anneliden, der andere Theil (vielleicht die Selachier?) von den Tuni-

---

1) VIRCHOW und HIRSCH, Jahresbericht über die Leistungen und Fortschritte in der gesammten Medicin. Jahrg IX, 1875, Bd. I, S. 135. Man sieht, wie die Urtheile aus einander gehen! Auf jeden Fall dürfte die Behauptung haltlos sein, dass das Unkenwerk für die vier bezeichneten Kategorien „gleich werthvoll" sei. Den grössten Werth besitzt dasselbe „unstreitig" für die Embryologen, als eine reiche Fundgrube neuer und wichtiger Detail-Beobachtungen, die allerdings erst kritisch gesichtet, geordnet und vergleichend beurtheilt werden müssen, um ihren wahren Werth zu erlangen. Auch die Anatomen werden viele von diesen Beobachtungen benutzen können, obwohl der Hauptwerth von GOETTE'S Werk für sie in dem Nachweise liegen wird, dass die vergleichende Anatomie keine wissenschaftliche Bedeutung habe. Grösser ist wieder der Werth des Werkes für die Histologen; denn diese erfahren dadurch, dass die Zellen keine „Elementar-Organismen" sind und dass die Zellen-Theorie (sammt der Protoplasma-Theorie) aufgegeben und durch das „Formgesetz" ersetzt werden müsse. Völlig unverständlich ist mir dagegen, welchen Werth das Unkenwerk für die Zoologen (worunter WALDEYER doch hier, im Gegensatz zu den drei genannten Kategorien, nur die Systematiker verstehen kann), besitzen soll; denn das ganze Buch ignorirt ja alle systematischen Verwandtschaftsbeziehungen geflissentlich und bringt auch nicht einmal gelegentlich einen neuen systematischen Gedanken, mit einziger Ausnahme der bereits hervorgehobenen Bemerkung, dass die Amphibien (und unter diesen die Batrachier) sich zunächst an die Cyclostomen anschliessen.

2) Von den 14 Spalten des „Jahresberichtes über Phylogenie" hat WALDEYER die grössere Hälfte, nämlich 8 Spalten, dieser SEMPER'schen Entdeckung gewidmet, während 3 Spalten der geistreichen SALENSKY'schen Widerlegung meiner Gastraea-Theorie geweiht sind. Dagegen wird kein Wort über die (im Literatur-Verzeichnisse aufgeführte) Anthropogenie gesagt, obgleich diese der erste (und bis jetzt einzige) Versuch ist, die Phylogenie eines Organismus von Anfang bis zu Ende im Zusammenhang darzulegen. Wenn auch der neue Weg der Anthropogenie falsch und dieser ganze Versuch verfehlt ist, so hätte WALDEYER doch die Verpflichtung gehabt, seine Leser vor diesen Irrthümern zu warnen!

caten abzuleiten sein[1]). Diesem schweren Dilemma gegenüber
ist es um so mehr zu bedauern, dass GOETTE uns keine weiteren
phylogenetischen Aufschlüsse gegeben hat!
Eine andere und grössere Gefahr, mit der das GOETTE'sche
Werk die Wissenschaft bedroht, liegt darin, dass sich der herrschende Dualismus des mystischen „Formgesetzes" bemächtigen
und dasselbe für seine Weltauffassung ausbeuten kann. Wenn
nicht der völlige Inhaltsmangel dieses leeren „Formgesetzes" offen
dargelegt wird, so kann der Dualismus der verschiedensten Richtungen, von der Teleologie der strengeren Schul-Philosophie bis
zum Spiritismus der englischen Geisterklopfer herab, und von
dem „unfehlbaren" Vaticanismus bis zum Neuplatonismus der
Gegenwart hinauf, das neue erfundene Wort „Formgesetz" mit
Begierde ergreifen, um dasselbe an die Stelle der alten, verbrauchten und verrufenen „Lebenskraft" zu setzen. Die Gelegenheit ist zu bequem und billig für den Dualismus, um nicht so
einer seiner Grundideen ein neues, von einem „exacten" Naturforscher angefertigtes Mäntelchen umzuhängen. Daher kann nicht
scharf genug betont werden, dass in der That GOETTE's neues
„Formgesetz" nichts Anderes ist, als die alte „Lebenskraft". Es
ist nichts Anderes, als das „grosse Entwickelungsgesetz", welches gegenwärtig von verschiedenen Gegnern des Darwinismus
als wahre Ursache der Entwickelung bezeichnet wird, ohne dass
wir über die Natur und das Wesen dieses mystischen Factors
irgend etwas Näheres erfahren.
Da neuerdings mehrere meiner Gegner behauptet haben, dass
auch mein „biogenetisches Grundgesetz" nichts Anderes sei, als
dieses unbekannte „grosse Entwickelungsgesetz", und dass jenes
ebenso wie dieses eines realen Inhaltes entbehre, so will ich nicht
verfehlen, hier ausdrücklich noch einmal den gewaltigen Unter-

---

1) Nach meiner Ansicht ist die angebliche nahe „Stammverwandtschaft
der Wirbelthiere und Anneliden" völlig unhaltbar, und nur dann zu vertheidigen, wenn man die wichtigsten vergleichend-anatomischen und ontogenetischen
Differenzen zwischen diesen beiden, weit von einander entfernten Gruppen völlig
ignorirt. (Vergl. die trefflichen Bemerkungen von GEGENBAUR, Morphol. Jahrb.
1875, S. 6 ff.) Das wird indessen nicht hindern, dass auch SEMPER, gleich GOETTE,
vielfach als „vergleichender Morphologe" angestaunt werden wird. In vieler Beziehung sind Beide ähnlich, wie man aus den „kritischen Gängen" und den Betrachtungen „über die GOETTE'sche Discontinuitätslehre des organischen Lebens"
ersehen kann, die SEMPER in den „Arbeiten aus dem zoologisch-zootomischen Institute zu Würzburg" (1874, 1875) veröffentlicht hat. Die grossartigen Ansprüche
stehen auch bei SEMPER im umgekehrten Verhältnisse zur wirklichen Leistung.

schied zu betonen, der zwischen ersterem und letzterem besteht.
Indem das biogenetische Grundgesetz — das ich allerdings für das wahre „Grundgesetz der organischen Entwickelung"
halte — die Ontogenie als Auszug oder Recapitulation der Phylogenie beurtheilt und so beide Hauptzweige der Entwickelungsgeschichte in den innigsten und unmittelbarsten Causal-Nexus
bringt, stützt es sich auf die beiden wichtigsten formbildenden
Factoren, auf die Anpassung und Vererbung, welche beide
als physiologische Functionen des Organismus mit den
fundamentalen Functionen der Ernährung und Fortpflanzung zu-
sammenhängen. Da diese letzteren aber — wie die heutige Physiologie widerspruchslos annimmt — auf physikalisch-chemische
Processe, also auf wirklich mechanische Ursachen, auf wahre
„causae efficientes" zurückzuführen sind, so müssen auch die
ersteren auf diese zu reduciren sein. Die formbildenden Functionen
der Entwickelung werden dadurch mit den übrigen physiologischen
Lebensthätigkeiten des Organismus in eine Reihe gestellt.

Dabei ist es allerdings unerlässlich, den höchst wichtigen
Unterschied der Palingenie und der Cenogenie gehörig ins
Auge zu fassen. Wie schon Fritz Müller („Für Darwin") ange-
deutet hatte, und wie ich erst kürzlich in meiner Arbeit über
„die Gastrula und die Eifurchung der Thiere" ausführlich gezeigt
habe, ist nur der eine Theil der Ontogenie, nämlich die Palingenie oder „Auszugsgeschichte", als die unmittelbare, durch
Vererbung bedingte Wiederholung der Phylogenie zu betrachten. Hingegen giebt uns der andere Theil der Keimesgeschichte,
nämlich die Cenogenie oder „Fälschungsgeschichte", nicht
nur keine Auskunft über die ursprüngliche Stammesgeschichte,
sondern sie führt uns auch irre, indem sie neue, durch embryonale
Anpassung erworbene Entwickelungs-Verhältnisse in die Ontogenie einführt und so jene palingenetische Wiederholung fälscht,
trübt oder selbst ganz verdeckt. So hat z. B. im ganzen Stamme
der Wirbelthiere die palingenetische Gastrula des Amphioxus
uns allein den ursprünglichen phylogenetischen Entwickelungsgang
der Gastraea getreu bis heute bewahrt, während die entsprechenden Gastrula-Formen aller übrigen Wirbelthiere cenogenetische, secundär modificirte sind, bei denen der später erworbene
Nahrungsdotter die ursprüngliche Formbildung mehr oder minder
verhüllt [1]. Wir werden daher unser biogenetisches Grundgesetz

---

1) Das Nähere hierüber, sowie über die Bedeutung der Palingenie und Ceno-

jetzt mit Rücksicht auf die Palingenie und Cenogenie folgender-
maassen zu formuliren haben: Die Keimesgeschichte ist eine modificirte Wiederholung oder ein kurzer Auszug der Stammesgeschichte; sie wiederholt diese letztere als „Auszugsgeschichte" um
so genauer, je mehr durch Vererbung in der Generationen-Kette
der ursprüngliche Entwickelungsgang des Stammes getreu conser-
virt ist; je mehr dagegen der letztere durch Anpassung der Keimformen in der Reihe der Generationen abgeändert worden ist,
desto mehr weicht die Keimesgeschichte von der Stammesgeschichte ab, und wird so zur „Fälschungsgeschichte". Möglichst
kurz gefasst, lautet demnach unser Grundgesetz: Die Keimes-
entwickelung ist ein Auszug der Stammesentwickelung; um so vollständiger, je mehr durch Vererbung
die Auszugsentwickelung beibehalten wird; um so
weniger vollständig, je mehr durch Anpassung die
Fälschungsentwickelung eingeführt wird[1]).

Ziele und Wege der organischen Entwickelungsgeschichte werden nach meiner festen Ueberzeugung durch dieses biogenetische
Grundgesetz endgültig festgestellt, die Ziele klar enthüllt, die
Wege bestimmt bezeichnet. Alle Arbeiten im Gebiete der Entwickelungsgeschichte, welche nicht bloss die empirische Kenntniss,
sondern das causale Verständniss der genetischen Phänomene anstreben, werden genöthigt sein, dasselbe zu berücksichtigen, entweder bejahend oder verneinend. Die Gegner der Descendenz-Theorie werden nothwendig das biogenetische Grundgesetz entschieden
bekämpfen; His und GOETTE, sowie viele andere Gegner, haben
das auch bereits ganz folgerichtig gethan. Die Anhänger der Abstammungslehre werden umgekehrt in diesem wahren „Grundgesetze der organischen Entwickelung" den Schlüssel finden, mittelst dessen sie aus den offenkundigen Thatsachen der gegenwär-
tigen Keimesgeschichte unter gehöriger Berücksichtigung
der vergleichenden Anatomie die wichtigsten Schlüsse auf
die längst vergangene Stammesgeschichte ziehen können.

genie ist in dem Aufsatze über „die Gastrula und die Eifurchung der Thiere" zu
finden. Jenaische Zeitschr. für Naturwiss. 1875. Bd. IX, S. 402.

1) Um den internationalen Ansprüchen der Ausländer gerecht zu werden und
jede, durch die neuen deutschen Ausdrücke möglicherweise entstehende Zweideutig-
keit zu vermeiden, wiederhole ich hier diese neue, verbesserte Formulirung des
biogenetischen Grundgesetzes in lateinischer Sprache: „Ontogenesis summa-
rium (vel recapitulatio) est phylogeneseos, tanto integrius
quanto hereditate palingenesis conservatur, tanto minus in-
tegrum quanto adaptatione cenogenesis introducitur."

Selbstverständlich ist unser biogenetisches Grundgesetz mit seinen **realen**, physiologischen Grundlagen völlig verschieden von jenem „grossen Entwickelungsgesetze" unserer Gegner, welches bloss auf **idealen**, imaginären Vorstellungen beruht und jeder physiologischen Basis entbehrt. Das letztere ist eben so inhaltleer, wie GOETTE's „Formgesetz" und läuft schliesslich, wie alle ähnlichen mystischen „Gesetze", auf die teleologische „Gesetzgebung" eines anthropomorphen „Schöpfers" hinaus. Das hat auch der Bedeutendste und Geistvollste unter unseren Gegnern, der jüngst verstorbene LOUIS AGASSIZ, offen anerkannt, indem er kurzweg die Organismen als „**verkörperte Schöpfungsgedanken Gottes**" bezeichnete und die Aufgabe der Entwickelungsgeschichte darin suchte, dass der Mensch, das Ebenbild Gottes, diese Schöpfungsgedanken zu errathen und nachzudenken habe. Zu welchen absurden Consequenzen AGASSIZ durch diese dualistische Auffassung geführt wurde, habe ich bereits in der Natürlichen Schöpfungsgeschichte (S. 56—64) zur Genüge dargethan. Hier nochmals auf deren gründliche Widerlegung einzugehen, ist wohl überflüssig, da kein einziger competenter Biogenist, kein einziger erfahrener und urtheilsfähiger Forscher im Gebiete der Entwickelungsgeschichte, heutzutage noch die theosophischen Ansichten von AGASSIZ zu vertreten wagt.

Dagegen scheint es mir hier gerathen zu sein, mit einigen Worten die eigenthümliche Stellung zu beleuchten, welche AGASSIZ bis zuletzt der speciellen Entwickelungsgeschichte gegenüber einnahm. Ich bin zu diesen Bemerkungen durch zwei verschiedene Umstände veranlasst. Erstens hat AGASSIZ selbst in seinen letzten Lebensjahren die von mir vertretene Auffassung der Entwickelungsgeschichte bei jeder Gelegenheit auf das Heftigste angegriffen, und auch noch seine letzte Arbeit, welche einen Monat nach seinem Tode erschien, ist speciell gegen DARWIN und mich gerichtet [1]. Zweitens führen die Gegner der Descendenz-Theorie in neuester Zeit mit besonderer Vorliebe AGASSIZ als die erste Autorität im Gebiete der Entwickelungsgeschichte an und behaupten immer von Neuem, dass derselbe als „gründlichster Kenner" dieser Wissenschaft die „grosse Irrlehre" DARWIN's längst gründlich widerlegt habe. Ja, es wird sogar in neuester Zeit von Seiten der orthodoxen Theologie und der specifisch christlichen Philosophie AGASSIZ als „frommer Naturforscher" mit der Glorie

---

1) LOUIS AGASSIZ, Evolution and permanence of type. Atlantic Monthly for January 1874. Der Verfasser starb im December 1873.

eines Heiligenscheins geschmückt, welche uns reizt, die wahre Natur ihrer schillernden Iris-Farben ein wenig näher mit dem Spectroskop zu untersuchen.

Da ist denn vor Allem zu bemerken, dass Louis Agassiz selbst mit der eigentlichen Entwickelungsgeschichte keineswegs so gründlich vertraut und um deren Förderung so hoch verdient ist, als noch heute in weiten Kreisen angenommen wird. Allerdings ist eine ganze Anzahl werthvoller Arbeiten über die Entwickelung einzelner Thiere von ihm herausgegeben worden. Allein diese embryologischen Special-Arbeiten, wie viele andere, von demselben unter seinem Namen herausgegebene Werke, sind ganz oder grösstentheils von Anderen angefertigt worden. So ist die „Embryologie des Salmones", welche den werthvollsten Theil der „Histoire naturelle des poissons d'eau douce" (1842) von Agassiz bildet, nicht von diesem, sondern von Carl Vogt verfasst. So sind die umfangreichen „Monographies d'Echinodermes vivants et fossiles" (und namentlich die schönen Arbeiten über Echiniden), welche Louis Agassiz unter seinem Namen herausgegeben hat, grösstentheils nicht von ihm, sondern von Ed. Desor, G. Valentin und Anderen angefertigt. Dasselbe gilt auch von dem bei weitem grössten Theile der prachtvollen „Contributions to the natural history of the United States." Nur der erste Band dieses imposanten Hauptwerks, der naturphilosophische „Essay on classification", in welchem Agassiz die Natur als das unterhaltende Spielwerk eines anthropomorphen Schöpfers darstellt, ist ganz von ihm selbst geschrieben. Die drei anderen Theile, welche eine ausführliche Entwickelungsgeschichte der Schildkröte und viele schöne Untersuchungen über Anatomie und Entwickelungsgeschichte der Medusen enthalten, sind grösstentheils nicht von Louis Agassiz, sondern von seinem Sohne Alexander, von James Clark, David Weinland, Sonrel und Anderen gearbeitet. Mehrere dieser „stillen Mitarbeiter", die Agassiz gehörig auszunutzen verstand, haben auch nicht verfehlt, wiederholt die Früchte ihrer mühsamen Arbeiten für sich zu reclamiren, so namentlich James Clark und Ed. Desor[1]). Es geht daraus unzweifelhaft hervor — was übri-

---

1) Vergl. insbesondere Ed. Desor, Synopsis des Echinides fossiles. Paris 1858, p. XV—XX. Daraus ergiebt sich u. A., dass Agassiz sein wohldurchdachtes und mit grösstem Erfolge durchgeführtes Raubsystem nicht erst in den Vereinigten Staaten, sondern bereits in der Schweiz begann und seit seiner Uebersiedelung nach Nord-Amerika (1846) nur in grösserem Maassstabe fortsetzte. Mehrere einflussreiche wissenschaftliche Theorien, die gewöhnlich seinen Namen tragen, sind nicht von ihm aufgestellt, sondern

gens unter den Fachgenossen in Europa längst kein Geheimniss
mehr und auch in weiteren Kreisen von Nord-Amerika wohl bekannt ist — dass Louis Agassiz seine hervorragende und die
amerikanische Naturwissenschaft beherrschende Stellung zum grössten Theile nicht dem wissenschaftlichen Werthe seiner eigenen
Arbeiten verdankt, sondern dem ausserordentlichen Geschick, mit
dem er die Arbeiten Anderer zu benutzen verstand, der seltenen
kaufmännischen Gewandtheit, mit welcher er grosse Geldsummen
für seine Zwecke flüssig zu machen wusste, und dem bewunderungswürdigen Organisations-Talent, mit welchem er die gross-
artigsten Sammlungen, Museen und Institute schuf. Louis Agassiz
war der genialste und thätigste Industrieritter auf
dem Gesammtgebiete der Naturwissenschaft. Dass er
sich dabei nicht selten zu einer bedenklichen Höhe des Schwindels verstieg, war nur natürlich.

Ein ergötzliches Beispiel des grossartigen Schwindels von
Agassiz habe ich selbst erlebt. Vor ungefähr zehn Jahren wurden die Zoologen durch die in viele Zeitungen übergegangene
Notiz in Aufregung versetzt, dass Agassiz in der Entwickelungsgeschichte der Fische die merkwürdigsten Verwandlun-
gen entdeckt habe. Danach erschien es gar nicht mehr wunderbar, wenn plötzlich die Lachse als junge Thunfische, die Häringe
als junge Dorsche und die Aale als junge Bandfische sich ent-
puppten. Eine darauf bezügliche, an die Pariser Akademie ge-
sandte „vorläufige Mittheilung" ging auch in deren „Comptes
rendues" über, nebst dem Versprechen baldiger genauerer Darstellung. Diese blieb natürlich aus! Und was war die Veranlassung zu dieser aufregenden Entdeckung? Ich hatte von den
Fischen, die ich während des Winters 1859/60 in Messina gesam-
melt hatte, eine Auswahl zum Tausch an Agassiz geschickt.
Darunter befanden sich mehrere Exemplare des seltsamen Scopelinen Argyropelecus hemigymnus und mehrere junge Exemplare
des eigenthümlichen Scomberoiden Zeus faber. Jener Scopeline
(ein Physostome aus der Nähe der Lachse) und dieser Scomberoid
(ein Physocliste aus der Nähe der Thunfische) sind himmelweit
verschiedene Fische. Aber eine entfernte äussere Aehnlichkeit
zwischen Beiden, im Zusammenhang mit ganz nebensächlichen Mo-

ihren eigentlichen Urhebern entwendet und von ihm äusserlich aufgeputzt und zur Geltung gebracht worden. So ist namentlich die berühmte Eiszeit-Theorie, zuerst nicht
von Agassiz, sondern von Charpentier und Carl Schimper aufgestellt, die
Gletscher-Theorie von Forbes u. A.

menten, hatte AGASSIZ genügt, den Scopelinen für die Jugend-
form des Scomberoiden zu erklären und darauf hin jene ganze
abenteuerliche „Entdeckung" zu erfinden. Glücklicherweise besass
ich in meiner Sammlung von Messina noch mehrere, ganz junge
Exemplare des Zeus, welche kleiner waren als die grössten
Exemplare des Argyropelecus und welche den Humbug sofort
aufdeckten. GEGENBAUR, der Zeuge des ganzen Processes gewesen war, liess damals diese letzteren zusammen auf einer Visiten-
karte iu natürlicher Grösse photographiren und versendete diese
an verschiedene Interessenten. Aber AGASSIZ hat natürlich darauf
niemals geantwortet!

Doch dies eine Beispiel nur beiläufig statt vieler. Es ist hier
nicht der Ort, näher auf den grossartigen Humbug des neu-ame-
rikanischen „Gründers" einzugehen. Wohl aber erscheint es geboten, darauf aufmerksam zu machen, dass die hervorragende
Stellung, welche nach einer sehr verbreiteten Ansicht gerade in
der Entwickelungsgeschichte AGASSIZ zukommt, nicht durch seine
eigenen Arbeiten und Kenntnisse auf diesem Gebiete bedingt ist.
Das Vorwort, durch welches GIEBEL die kürzlich von ihm her-
ausgegebenen letzten Vorlesungen von AGASSIZ über den „Schöpfungsplan" [1]) einführt, beginnt mit folgenden Worten: „Unter den Naturforschern unserer Tage hat keiner (!) so weit greifende und gründliche (!), unser specielles und allgemeines Wissen so sehr fördernde
und gleichzeitig auf verschiedenen Gebieten bahnbrechende Forschungen in der Zoologie einschliesslich der vergleichenden Anatomie und Entwickelungsgeschichte (!), in der
Palaeontologie und Geologie geliefert als LOUIS AGASSIZ." Dieser
schwungvolle Dithyrambus GIEBEL's klingt für den Eingeweihten
fast wie Hohn. Denn von allen diesen grossen und „gründlichen"
Forschungen bleiben eigentlich — wenn wir von zahlreichen
kleinen Entdeckungen und Detail-Forschungen absehen — nur diejenige in der Palaeontologie bestehen, für welche AGASSIZ in der
That (nach dem Vorgange von CUVIER!) Grosses geleistet hat.
Von seinen geologischen Verdiensten wollen die Geologen nicht
viel wissen; denn die Gletscher- und Eiszeit-Theorie ist, wie bemerkt, nicht sein Werk; und das Verdienst, CUVIER's Katastro-
phen-Theorie bis zuletzt vertheidigt zu haben, findet heute nirgends mehr Anerkennung. In der systematischen Zoologie hat

---

1) LOUIS AGASSIZ, Der Schöpfungsplan. Vorlesungen über die natürlichen
Grundlagen der Verwandtschaft unter den Thieren. Deutsche Uebersetzung eingeführt von GIEBEL. 1875.

AGASSIZ sehr Viel geleistet, aber — von speciellen Beschreibungen abgesehen — nicht viel Gutes; seine allgemeinen systematischen Ansichten über Classification sind gänzlich verfehlt[1]) und die Starrheit, mit welcher er bis zuletzt CUVIER's Typen-Theorie in ihrer ursprünglichen Fassung vertheidigte, hat auch Nichts genützt. Um in der vergleichenden Anatomie selbständig Grosses zu leisten, fehlte es ihm viel zu sehr an der gründlichen anatomischen Vorbildung; seine verfehlten Ansichten über die Verwandtschafts-Beziehungen der grösseren Thiergruppen (z. B. der Urthiere, der „Strahlthiere") beweisen das klar. Um aber in der eigentlichen Entwickelungsgeschichte „bahnbrechend" zu wirken, dazu fehlte ihm vor Allem jenes tiefere Verständniss der elementaren Organisation, das nur durch gründliche histologische Bildung erlangt werden kann. Wie unbekannt AGASSIZ mit der Zellentheorie und der darauf gegründeten Gewebelehre war, das weiss jeder Kenner seiner Schriften aus zahlreichen verkehrten (und zum Theil unglaublich absurden) Bemerkungen, die sowohl in seinen generellen als in seinen speciellen Schriften zerstreut sind. Gerade dieser Mangel an Verständniss der Elementar-Structur und des Zellenlebens, welchen ich für eine der grössten Schwächen von AGASSIZ halte, machte es ihm unmöglich, die wichtigsten Vorgänge in der Keimesgeschichte der Thiere (wie z. B. die Eifurchung, die Keimblätterbildung) richtig zu würdigen. Wenn wir nun dabei noch erwägen, dass seine meisten eigenen Schriften über Entwickelungsgeschichte grösstentheils aus den Arbeiten Anderer sich aufbauen, so werden wir es begreiflich finden, wenn er selbst in seinem „Schöpfungsplan" als das Hauptresultat aller seiner Studien über Entwickelungsgeschichte wörtlich Folgendes verkündet: „Je weiter wir nun die verschiedenen Weisen der Vermehrung unter den Thieren prüfen, um so mehr überzeugt uns die Thatsache, dass die Erhaltung der Idee, des Typus, die Beharrlichkeit gewisser Züge in der organischen Welt, der Urzweck und unleugbare, unabweisliche Erfolg ist. Dies ist .wenigstens der Schluss, zu welchem alle meine Studien der Entwickelungsgeschichte mich geführt haben" (l. c. S. 23).

1) Den „Essay on classification", das systematische Hauptwerk von AGASSIZ, habe ich im sechsten Buche der generellen Morphologie eingehend widerderlegt. Insbesondere habe ich im 24sten Capitel denjenigen Abschnitt, den er selbst für den wichtigsten hält (über die Gruppenstufen oder Kategorien des Systems) Schritt für Schritt als ganz unhaltbar nachgewiesen. AGASSIZ hat darauf niemals geantwortet.

Erinnern wir uns nun, dass nach der Ansicht von AGASSIZ
1) jede organische Art oder Species „ein verkörperter Schöpfungs-
gedanke Gottes", 2) jede Art unveränderlich und die darin verkörperte Idee beharrlich, 3) diese Beharrlichkeit der Urzweck der
Schöpfung selbst ist, so kommen wir zu dem überraschenden Resultate: „Der Urzweck des Schöpfers bei Schöpfung der
Thier- und Pflanzen-Arten war die beharrliche Erhaltung seiner eigenen Gedanken!" [1]). Und das ist der wichtigste Schluss, zu welchem AGASSIZ „alle seine Studien der Entwickelungsgeschichte geführt haben"!!

Von solchen und ähnlichen Sätzen enthalten die populär-na-
turwissenschaftlichen Schriften von AGASSIZ (besonders aus der
letzten Zeit) eine reiche Blumenlese. Einer ernsten Widerlegung
werden dieselben in den Fachkreisen der Naturforscher nicht für
würdig gehalten. Aber ausserhalb der Fachkreise erfreuen sie
sich einer grossen Anerkennung und einer hohen — wenn auch
natürlich verständnisslosen — Bewunderung. Wir würden das völlig Unhaltbare und Sinnlose derselben hier nicht besonders hervorheben, wenn nicht die orthodoxe Kirche in AGASSIZ einen vorzüglichen Bundesgenossen erkannt, sich seiner Ideen bemächtigt
und sie mit Erfolg zu einem neuen Aufputz ihres theistischen
Phrasen-Gebäudes benutzt hätte. Die Wirkung dieser Charlata-
nerie ist nicht zu unterschätzen. Man lese bloss die zahlreichen
Nekrologe, in welchen AGASSIZ im vorigen Jahre nicht bloss als
einer der grössten Naturforscher seiner Zeit verherrlicht, sondern
auch besonders darauf hingewiesen wurde, wie derselbe die grössten Resultate der modernen Naturwissenschaft in den schönsten
Einklang mit dem Wortlaut der Bibel zu bringen gewusst und
als die wahre „Natürliche Schöpfungsgeschichte" diejenige des MOSES nachgewiesen habe.

Weit entfernt davon, meinen verehrten Special-Collegen MOSES,
(dessen hohe Verdienste ich stets willig anerkannt habe) wegen dieser
naturwissenschaftlichen Huldigung von AGASSIZ zu beneiden, möchte
ich mir doch in geziemender Bescheidenheit die Vermuthung ge-
statten, dass es Letzterem mit jenen und ähnlichen Sätzen wohl

---

1) AGASSIZ scheint hiernach zu besorgen, dass der Schöpfer, wenn er nicht
dann und wann (— nämlich bei jeder „Erdrevolution" —) neue Thiere und Pflanzen erschaffen, d. h. neue Gedanken gehabt hätte, seine Ideen (oder seinen Verstand) völlig verloren hätte. Eher, scheint mir, kann ein gesunder Mensch beim
längeren Nachdenken über solche und ähnliche Ideen von AGASSIZ seinen Verstand
verlieren.

niemals Ernst gewesen ist. Ich wenigstens sehe überall deutlich den Pferdefuss des Mephisto unter dem schwarzen Priester-Talar hervorschauen, in welchen sich der schlaue AGASSIZ mit so viel theatralischem Anstand und decorativem Talent einzuhüllen versteht. Wer die zahlreichen Schriften von AGASSIZ (insbesondere die theistisch-naturphilosophischen) näher kennt, und wer mit den darin kundgegebenen frommen Ideen den bekannten Lebensgang des grossen wissenschaftlichen Industrie-Ritters, seine Vorliebe für das philanthropische Institut der Sclaverei u. s. w. zusammen hält, der kann sich der Ueberzeugung nicht verschliessen, dass derselbe im Grunde ganz andere Anschauungen besass, als es dem nicht eingeweihten Leser seiner Werke scheinen könnte. Immerhin ist die Consequenz anzuerkennen, mit welcher AGASSIZ den einmal betretenen Pfad bis zu seinem Ende verfolgte, und auch nach dem tödtlichen Stosse, den seine theosophische Dogmen-Puppe durch DARWIN's reformatorische That erhalten hatte, dieselbe fortdauernd vertheidigte und als einzig lebensfähiges Princip der Wissenschaft aufrecht zu erhalten bemüht war. Auch wurde ja der Hauptzweck, den er dabei verfolgte, vollständig erreicht. Die rechtgläubigsten Kreise in den Hauptstädten der vereinigten Staaten wurden dadurch für die Naturwissenschaft interessirt, und die reichsten Kaufleute stellten ihm Geldsummen zur Verfügung, wie sie niemals ein Naturforscher auch nur zu wünschen gewagt hatte. Mit Hülfe dieser colossalen Geldmittel führte AGASSIZ die schönen Reisen aus, auf denen seine Begleiter höchst werthvolle Sammlungen zu Stande brachten und von denen uns die Zeitungen so oft berichteten, dass dabei die merkwürdigsten Entdeckungen in der Entwickelungsgeschichte gemacht worden seien; Entdeckungen, welche die falsche Descendenz-Theorie definitiv widerlegten und das allein wahre Schöpfungs-Dogma von AGASSIZ endgültig begründeten. Leider haben wir aber nachher nie etwas Näheres von diesen so grossartig angekündigten Entdeckungen erfahren. Mit Hülfe jener colossalen Geldmittel schuf AGASSIZ ferner die grossartigen Sammlungen und Institute, die an Umfang und an Ausstattung Alles bisher dagewesene übertreffen, und von denen zu hoffen ist, dass sie der Wissenschaft entsprechende Dienste leisten werden[1]. Aber wenn auch die so von AGASSIZ herbeigeführte

---

1) Im Ganzen hat sich bis jetzt an den grossartigen, von AGASSIZ in Amerika gegründeten wissenschaftlichen Instituten der merkwürdige, in Europa längst festgestellte, empirische Satz bewährt, dass die wissenschaftlichen Leistungen der Institute in umgekehrtem Verhältnisse zu ihrer Grösse, und

äussere Förderung der Naturwissenschaft und das von ihm in
den weitesten Kreisen angeregte Interesse, alle Anerkennung verdienen, so ist damit selbstverständlich nicht das Geringste über
den inneren Werth entschieden, den seine dualistisch-theologische
Naturphilosophie und speciell seine Anschauungen über organische
Entwickelung besitzen. Die Ziele und Wege, welche AGASSIZ
in der Entwickelungsgeschichte verfolgt hat, sind Irrlichter und
Irrwege, und ihre vorübergehende Anerkennung und Bewunderung
hat nur das Gute gehabt, die Wahrheit unserer entgegengesetzten
Richtung in das hellste Licht zu stellen.

An die Würdigung des grossen und hell strahlenden amerika-
nischen Kirchenlichtes AGASSIZ schliesse ich hier noch ein paar
Worte an über das kleine und ziemlich trübe flackernde deutsche
Kirchenlicht MICHELIS. Dieser altkatholische Priester, der auch
einmal Philosoph in BRAUNSBERG war, hat sich neuerdings mit
anerkennenswerthem Fleisse dem Studium der Entwickelungsgeschichte zugewendet, leider ohne alle dazu erforderlichen und un-
entbehrlichen Vorkenntnisse, ohne irgend eine gründliche Vorbildung in systematischer Zoologie und Physiologie, in Anatomie
und Histologie. Als die Frucht dieser dilettantischen Studien ver-
öffentlichte derselbe kürzlich eine ingrimmige „Haeckelogonie" [1]),
deren Hauptzweck darauf hinaus läuft, den Verfasser der „Anthropogenie" als ein höchst gefährliches und gemeinschädliches Sub-
ject zu denunciren und im Interesse des neuen Deutschen Reiches,
der Deutschen Universitäten und der Deutschen Wissenschaft gegen
die heutige Entwickelungsgeschichte einen „akademischen Protest"
einzulegen [2]).

der innere Werth der daraus hervorgehenden Arbeiten in umgekehrtem Verhältnisse zu ihrer glänzenden äusseren Ausstattung steht. Ich brauche bloss
an die kleinen ärmlichen Institute und die geringen äusseren Hülfsmittel zu erinnern, mit deren Hülfe z. B. BAER in Königsberg, SCHLEIDEN in Jena, JOHANNES
MÜLLER in Berlin, LIEBIG in Giessen, VIRCHOW in Würzburg, GEGENBAUR in Jena
nicht allein ihre Wissenschaft auf das Umfassendste gefördert, sondern ganz neue
Bahnen für dieselbe geschaffen haben. Und damit vergleiche man anderseits den
colossalen Aufwand und die luxuriöse Ausstattung, mit der die grossartigen Institute in Cambridge, in Leipzig und an anderen „grossen" Universitäten ausgestattet
sind! Was haben diese im Verhältnisse geleistet? U. A. w. g.

1) Haeckelogonie. Ein akademischer Protest gegen Haeckels Anthropogenie. Von Dr. FR. MICHELIS, Professor der Philosophie. Bonn 1875.

2) Obgleich „liberaler" Altkatholik, giebt doch unser Naturpriester eine mit-
telalterliche Vorliebe für Ketzergerichte und Inquisition kund, die seinem „unfehlbaren" Gegner im Vatican alle Ehre machen würde! Von dem echten Geiste
christlicher Duldung und frommer Bruderliebe, welcher die „Haeckelogonie" durch-

Was den wissenschaftlichen Gehalt dieser scherzhaften „Haec-ckelogonie" betrifft, so ist derselbe bereits von Carus Sterne [1]) und von Otto Zacharias [2]) so trefflich beleuchtet worden, dass ich mir eine besondere Widerlegung desselben hier ersparen kann. Auch Michelis sucht die Grundursache der organischen Entwicke-lung nicht in den physiologischen Functionen der Vererbung und Anpassung (— das sind nur „scholastische naturalisirte Hülfsbe-griffe" —), sondern in dem „die Stoffgestaltung beherrschenden Ge-setz oder der über der Materie stehenden Idee, dem schöpferi-schen Gedanken". Also wiederum nichts Anderes als der „Schöpf-ungsgedanke" von Agassiz, nichts Anderes als die alte „Lebens-kraft", nichts Anderes als das neue „Formgesetz" von Goette. Wie hierin, so stimmt Michelis auch darin mit Goette überein, dass er auf das Entschiedenste das biogenetische Grundgesetz be-kämpft. Während aber der letztere dasselbe einfach negirt, hat der erstere glücklich die psychologische Ursache seiner Entstehung entdeckt und ist so im Stande, uns darüber aufzuklären. Diese Ursache ist nämlich nichts Anderes, als eine „unnatürliche innere Verrenkung des richtigen Denkens" (Haeckelogonie, S. 70, 71) und dieses Denken erscheint daher als „wissenschaftliche Hallucina-

weht, legen namentlich die letzten Seiten derselben Zeugniss ab. Am Schlusse wirft Michelis (mit gesperrter Schrift!) die Frage auf: „Ob die Deutsche Wissen-schaft und die Deutschen Universitäten ein solches aus ihrem Schoosse hervorge-gangenes Attentat auf die Wahrheit der Offenbarung (!), auf die Grundlage der Religion und auf die Bedingung der Sittlichkeit (!) auch nur stillschweigend acceptiren und gutheissen werden?" Dann führt der edle Offenbarungs-Philosoph fort: „So wie das Werk da liegt, ist Haeckel's Anthropogenie, so gut wie „der alte und neue Glaube" von David Strauss, eine Schmach und ein Schandfleck für Deutschland (!), nicht weil die Männer den Muth gehabt haben, ihre der ewigen Wahrheit abfällige Ueberzeugung, wenn sie zu keiner bes-seren gelangen konnten, offen und ehrlich auszusprechen, sondern weil die Kraft des Denkens nach Leibnitz und Kant in Deutschland bis zu dem Grade der Im-potenz herabgekommen ist, dass es zu solchen Symptomen einer wissenschaft-lichen Hallucination und eines senilen Marasmus kommen konnte (!!). Mir scheint es darum eine zugleich auch tief patriotische Lebensfrage für Deutschland zu sein, ob die Vertretung seiner Wissenschaft den von Haeckel postulirten atheistischen Standpunkt als einen vor ihrem Forum zu Recht bestehen-den anerkennen werde? Das ist die Frage, die ich zunächst durch diese Kritik allein motiviren wollte"! Man sieht, es fehlt für Darwin und seine Jünger nur noch der Scheiterhaufen! Zum Anzünden desselben steht Herr Michelis schon bereit!

1) Carus Sterne, Ein akademischer Protest. „Gegenwart", Berlin. 9. Octo-ber 1875. No. 41.

2) Otto Zacharias, Michelis contra Haeckel. „Ausland". 27. Sept. 1875. No. 39.

tion". Das Traurigste bei diesem Unglück ist, dass meine „unnatürliche innere Verrenkung" auch bei MICHELIS eine bedenkliche Luxation des Gehirns zur Folge gehabt hat, nur in entgegengesetzter Richtung. MICHELIS ist nämlich durch das fleissige Studium der „Anthropogenie" und der „Natürlichen Schöpfungsgeschichte" (— wofür ich ihm hier meinen höflichsten und verbindlichsten Dank abstatte —) zu der ketzerischen Ansicht verführt worden, dass die vorliegenden Thatsachen der vergleichenden Anatomie und Ontogenie allerdings in bedenklicher Weise für einen genetischen Zusammenhang der Organismen sprechen und dass auch der Mensch, als „des Affen nächster Verwandter" (S. 7) von dieser Blutsverwandtschaft nicht ausgeschlossen werden kann. Nur ist die Stufenfolge in diesem natürlichen Zusammenhange der Entwickelung keine aufsteigende, sondern eine absteigende. Der Mensch ist nicht das höchst entwickelte Thier, sondern die Thiere sind herabgekommene Menschen! Alle bisherigen Modificationen der Abstammungslehre nahmen übereinstimmend an, dass die Entwickelung der organischen Welt im Grossen und Ganzen eine fortschreitende war (wobei natürlich viele Rückschritte im Einzelnen nicht ausgeschlossen waren). MICHELIS dagegen zeigt uns, dass vielmehr umgekehrt der gewöhnliche und vorherrschende Gang der organischen Entwickelung der rückschreitende ist, und dass die einzelnen, daneben vorkommenden Fortschritte nicht viel zu bedeuten haben.

Wir brauchen wohl kaum darauf hinzuweisen, wie schön diese Degenerations-Theorie mit den Thatsachen der Völkergeschichte oder der sogenannten „Weltgeschichte" stimmt, die ja auch ein Theil der organischen Entwickelungsgeschichte ist. Haben wir armen Menschenkinder uns doch schon so weit von dem paradiesischen Urzustande unserer engelreinen Stammeltern Adam und Eva entfernt, dass wir schon seit längerer Zeit Kleider tragen und Häuser bauen, ja sogar lesen und schreiben können (vergl. oben His, S. 15). Später hat dann unsere traurige Entartung durch die Erfindung der Buchdruckerkunst und anderer Teufelskünste mit beschleunigter Geschwindigkeit zugenommen; und endlich sind wir jetzt schon so weit herunter gekommen, dass wir tagtäglich die höllischen Erfindungen der Eisenbahnen und Telegraphen, der Mikroskope und Teleskope benützen!

Wie Schade, dass AGASSIZ diese herrliche Degenerations-Theorie von MICHELIS, diese wirklich auf den Kopf gestellte Descendenz-Theorie nicht gekannt hat. Er wäre dann vielleicht doch noch zu derselben bekehrt worden. Denn offenbar verträgt sie sich viel besser mit der Schöpfungsgeschichte des Moses, mit der Lehre vom Sündenfall, von der Erbsünde u. s. w., als mit der sogenannten „Möblirungs-Theorie" von Agassiz, nach welcher der Schöpfer am Ende jeder geologischen Periode, seines Spielzeugs müde, die Welt in Trümmer schlug und dann die restaurirte Erde von Neuem möblirte, neue (vollkommnere!) Schöpfungs-Ideen in neuen Thier- und Pflanzenformen verkörperte. (Vergl. die Natürl. Schöpfungsgesch. S. 56—64.) Da mithin die neue, anthropocentrische Degenerations-Theorie von Michelis die Aussicht eröffnet, den Mosaischen Schöpfungs-Mythus in einer überraschenden (wenn auch etwas gezwungenen!) Weise mit der Darwin'schen Descendenz-Theorie auszusöhnen und zu verkuppeln, so steht ihr vielleicht noch eine grosse Zukunft bevor; besonders wenn die wirklich vorhandenen Degenerations- und Rückbildungs-Phänomene übertrieben dargestellt, als allgemein gültige „Gesetze" aufgefasst, und auch überall dort gesucht werden, wo sie gar nicht vorhanden sind. Hat doch kürzlich ein phantasiereicher jüngerer Zoologe alles Ernstes die Behauptung aufgestellt, dass die bekannte Descendenz-Reihe der Chordonier, Acranier, Cyclostomen und Fische umgekehrt aufgefasst werden müsse, und dass durch zunehmende Entartung und Rückbildung aus den Fischen die Cyclostomen, aus diesen der Amphioxus und aus letzterem die Tunicaten entstanden seien [1]. Wenn wir diese stufenweise Degeneration mit consequenter Logik noch etwas weiter verfolgen, so werden wir uns leicht überzeugen, dass die Fische durch Rückbildung aus den Amphibien, wie diese aus den Säugethieren entstanden sind. Innerhalb dieser letzteren Classe ist es dann auch leicht nachzuweisen, dass die Monotremen von den Beutelthieren, diese letzteren von den Affen und die Affen von den Menschen abstammen. Aber nicht allein die Affen, nein, auch alle anderen Säugethiere sind solchergestalt heruntergekommene Seitenlinien des Menschen; und nicht allein die Säugethiere, sondern auch alle anderen Wirbelthiere sind im Grunde zuletzt degenerirte Menschenkinder! Sie alle sind (— natürlich in Folge des Sündenfalls!—) durch fortgehende Entartung und Rückbildung aus heruntergekommenen Menschen entstanden; Stück für Stück haben sie ihre menschlichen Attribute eingebüsst; erst die Sprache, dann den Gehirnbalken (corpus callosum), später die Milchdrüsen und die Haare. Bis zu den Fischen heruntergekommen,

---

[1] Anton Dohrn, Der Ursprung der Wirbelthiere und das Princip des Functionswechsels. Leipzig 1875.

haben sie als Cyclostomen auch noch die Arme und Beine, sowie
die Kiemenbogen und Kiefer aufgegeben; ja der unselige Amphioxus, der die schwersten Verschuldungen auf sich lud, hat schliesslich sogar den Kopf verloren! Rein und fleckenlos steht in der
ganzen Schöpfung nur der sündenfreie Adam da, der Urtypus
des vollkommenen Wirbelthieres, der vom Schöpfer „nach seinem Bilde" geschaffen wurde!

Dass sich MICHELIS bei diesem Schöpfungsakte den Schöpfer
als einen wirklichen, leibhaftigen Organismus vorstellt, geht unter
anderen aus folgender merkwürdigen Stelle hervor: „So können
wir überhaupt die ganze Naturerscheinung als ein Gewordenes aus
einem indifferenten chaotischen Stoffe nur innerhalb eines da-
seienden Organismus verstehen. Um mich über diesen
Urorganismus an dieser Stelle, wo ich diesen Punkt nur be-
rühre, nicht erkläre, mit der Kühnheit des Propheten auszudrücken: Gott der Schöpfer ist der Mutterschooss
der Natur, des Kosmos." (Haeckelogonie, p. 37, 38.)

Bei diesem tiefsinnigen Grundgedanken der neuen Schöpfungsgeschichte von MICHELIS ist es gewiss sehr zu bedauern, dass derselbe den wichtigsten Punkt „nur berührt, nicht erklärt" hat.
Auch bekenne ich, dass es mir trotz angestrengten Nachdenkens
darüber und trotz wiederholter aufmerksamer Lectüre der „Haeckelogonie" nicht gelungen ist, vollkommen über den Zusammenhang
seiner Gedankenreihe klar zu werden und die ganze mystische Tiefe
seiner umgestülpten Descendenz-Theorie vollkommen zu ergründen.
Wahrscheinlich liegt das an der „unnatürlichen inneren Verrenkung
des Denkens", an welcher ich nun schon seit fünfzehn Jahren leide,
nämlich seit der ersten Lectüre von DARWIN's Hauptwerk; vielleicht auch an dem „senilen Marasmus", bis zu welchem nach der
Ueberzeugung des katholischen Priesters die Kraft des Denkens
im neuen Deutschen Reiche überhaupt herabgekommen ist. Das
Urtheil hierüber muss ich dem geneigten Leser selbst überlassen
und ebenso die Entscheidung darüber, ob MICHELIS' „theistische"
Lehre von der überall rückschreitenden Entwickelung würdiger
und erhebender ist, als unsere „pantheistische" Theorie von der
fortschreitenden Entwickelung, wie sie im Monismus der Gegenwart zum geläuterten Ausdruck gelangt ist.

Nachdem ich auf diesen Blättern in WILHELM HIS und
ALEXANDER GOETTE ein Paar Gegner bekämpft habe, die mir
vermöge ihrer starken empirischen Rüstung vorzugsweise gefähr-
lich erschienen; nachdem ich sodann in LOUIS AGASSIZ und FRIED-

RICH MICHELIS ein zweites Paar Feinde zu schlagen gesucht habe, welche vermöge der mystischen Verquickung von Entwickelungsgeschichte und Kirchendogma einen verwirrenden Einfluss in weiteren Kreisen ausüben können, liegt es vielleicht nahe, mich noch wider ein drittes Gegner-Paar zu wenden, welches unter den zahlreichen Feinden der heutigen Entwickelungsgeschichte in das Vordertreffen sich gedrängt hat, nämlich ALBERT WIGAND und ADOLF BASTIAN. Indessen gestehe ich, dass ich weder Lust noch Musse finde, den unglaublichen und wirklich gehäuften Unsinn, den diese beiden Schriftsteller der Entwickelungsgeschichte in den Weg gelegt haben, fortzuräumen. Auch ist das dicke Buch von ALBERT WIGAND: „Der Darwinismus und die Naturforschung NEWTON's und CUVIER's" (1874), sowie desselben Autors „Genealogie der Urzellen"[1] (1872) bereits von dem trefflichen, um die Förderung der Descendenz-Theorie hochverdienten Zoologen GUSTAV JAEGER in Stuttgart gründlich analysirt und richtig gewürdigt worden[2]. Ebenso hat HERMANN MÜLLER in Lippstadt (der Bruder von FRITZ MÜLLER-DESTERRO und der Verfasser des ausgezeichneten Werkes über „die Befruchtung der Blumen durch Insecten", Leipzig 1873) eine treffliche Kritik des WIGAND'schen Buches in der Jenaer Literatur-Zeitung gegeben (No. 17, vom 25. April 1874).

Die Widerlegung eines der furchtbarsten Gegner der heutigen Entwickelungsgeschichte, ADOLF BASTIAN, überlassen wir diesem selbst. Jeder klar denkende und naturwissenschaftlich gebildete Leser, der in einem der zahlreichen Bücher dieses vielgereisten Ethnographen seine Angriffe auf die Descendenz-Theorie mit Aufmerksamkeit liest, wird sich durch einiges Nachdenken darüber leicht selbst das entsprechende Urtheil bilden. Das neueste, gegen die heutige Entwickelungsgeschichte gerichtete Werk von ADOLF BASTIAN ist betitelt: „Schöpfung oder Entstehung. Aphorismen zur Entwickelung des organischen Lebens" (Jena 1875). An hochgradiger, wenn auch unfreiwilliger Komik seine übrigen Clown-Leistungen fast übertreffend, ist es denjenigen Lesern zu empfehlen, welche durch die Unke von GOETTE und durch die

---

1) Die vollkommen sinnlose und lächerliche Genealogie der Urzellen von WIGAND hat meines Wissens keinen einzigen Anhänger gefunden. Indessen scheint mir GOETTE, wenn er dann und wann von „Descendenz-Theorie" spricht, eine ähnliche Vorstellung im Sinne zu haben.

2) GUSTAV JAEGER, In Sachen Darwin's, insbesondere contra Wigand. Ein Beitrag zur Rechtfertigung und Fortbildung der Umwandlungslehre. Stuttgart 1874.

„Haeckelogonie" von MICHELIS noch nicht genug erheitert sein
sollten. Im Uebrigen verweise ich auf das, was ich im Vorworte
zur III. Auflage der „Natürlichen Schöpfungsgeschichte" über
BASTIAN bemerkt habe [1]).
Doch genug des Kampfes! Freuen wir uns des Sieges, den
die durch DARWIN herbeigeführte Reform der Entwickelungsgeschichte bereits errungen hat, und schreiten wir, unbeirrt von den
Angriffen der Gegner, rüstig fort auf dem neugeöffneten Wege,
der uns zu dem klar vor Augen liegenden Ziele unserer Wissenschaft hinführt. Angesichts der Triumphe, welche die heutige Entwickelungsgeschichte bereits in kühnem Siegeslaufe erworben hat,
konnte EDUARD STRASBURGER kürzlich mit Recht sagen: „Wie
man sich der Descendenz-Theorie gegenüber auch verhalten mag,
so lässt sich doch die Thatsache nicht bestreiten, dass bereits
unter dem Einflusse derselben die biologischen Wissenschaften
in ganz neue Bahnen eingetreten sind. Dieser ihrer neuesten Entwickelung durch die Descendenz-Theorie verdanken die Natur-
wissenschaften nunmehr auch den Einfluss, den sie auf alle Gebiete des menschlichen Denkens auszuüben beginnen. Mit Span-
nung folgt die ganze, geistig geweckte Welt heute ihren Fort-
schritten und die auf naturwissenschaftlicher Basis entwickelten
philosophischen Systeme erfreuen sich einer beispiellosen Theilnahme. Dieses Bewusstsein ist es auch, das uns zu immer neuer
Thätigkeit begeistert, und wenn wir Wochen und Monate der
mühsamsten Erforschung einer einzelnen, scheinbar noch so unter-
geordneten Thatsache opfern müssen, so regt uns doch ununter-
brochen der Gedanke an, es handle sich hier um die Fundamente,
auf denen der höchste Bau sich aufzurichten habe [2])."
Darf ich schliesslich noch mit wenigen Worten andeuten, wie
sich nach meiner Auffassung die verschiedenen Aufgaben der heutigen Entwickelungsgeschichte auf ihre Zweige zu vertheilen haben, so glaube ich, unter Beziehung auf die in der Anthropogenie
(S. 18) gegebene erste Tabelle, Folgendes hauptsächlich hervor-

---

1) Vergl. auch das Nachwort dazu in der V. Auflage (S. XXXII—XXXIV).
Allerdings ist ADOLF BASTIAN schon vor mehreren Jahren (in der Neujahrsnummer
des Berliner „Magazin für Literatur des Auslandes") als der wieder erstandene
ALEXANDER HUMBOLDT und als der wahre Heiland der Naturwissenschaft verherrlicht worden. Es ist aber zu fürchten, dass diese Prophezeihung durch das Werk
über „Schöpfung oder Entstehung" nicht in Erfüllung geht.
2) EDUARD STRASBURGER, Ueber die Bedeutung phylogenetischer Methoden für
die Erforschung lebender Wesen. Jenaische Zeitschrift für Naturwissenschaft. 1874,
Bd. VIII, S. 56.

heben zu müssen. (Vergl. die beiden Tabellen am Schlusse dieser Blätter.) Beide Hauptzweige der Biogenie (oder der organischen Entwickelungsgeschichte im weitesten Sinne!), erstens die Ontogenie als individuelle Biogenie, und zweitens die Phylogenie als paläontologische Biogenie, werden von den beiden Hauptzweigen der Biologie, nämlich von der Morphologie und von der Physiologie im Auge behalten und gepflegt werden müssen; und dies gilt natürlich ebenso in der Botanik, wie in der Zoologie und Anthropologie.

Nun war aber die bisherige Entwickelungsgeschichte fast ausschliesslich das Verdienst der Morphologie, der Wissenschaft von den organischen Formen. Hingegen hat sich die eigentliche Physiologie (im heutigen Sinne), als die Wissenschaft von den organischen Functionen, um die Entwickelungsgeschichte nur sehr wenig, ja grösstentheils gar nicht gekümmert. Wie ich schon in der Anthropogenie (S. 15, 131) gelegentlich hervorhob, hat die Physiologie sich bisher ernstlich weder mit den Functionen der Entwickelung, noch mit der Entwickelung der Functionen beschäftigt; und fast Alles, was wir darüber wissen, ist den Arbeiten der Morphologen, nicht der Physiologen zu verdanken [1]. Trotzdem leuchtet es ein, dass die Entwickelungsgeschichte der Functionen für die Physiologie dieselbe Bedeutung besitzt, wie diejenige der Formen für die Morphologie. Die erstere spaltet sich ebenso wie die letztere in einen ontogenetischen und einen phylogenetischen Theil; und beide Theile sind hier sowie dort durch das biogenetische Grundgesetz innig verbunden. Es wird demnach die physiologische Entwickelungsgeschichte (die wir kurzweg Physiogenie nennen können) vor Allem die Entwickelung der organischen Functionen zu untersuchen haben. Als Physiontogenie (oder Physiogenie im engeren Sinne), als Keimesgeschichte der Functionen, wird sie den Entwickelungsgang der Lebensthätigkeiten während des individuellen Lebens ins Auge fassen; z. B. die Entwickelung der Ernährungsthätigkeiten, insbesondere der Circulation, der Excretion beim Embryo, die physiologischen Beziehungen des Nahrungsdotters zum Keime,

---

1) Als rühmliche Ausnahme unter den Physiologen ist hier Ernst Brücke in Wien hervorzuheben, der sowohl direct als indirect die Entwickelungsgeschichte vielfach gefördert hat. Hierdurch, wie durch die Kenntniss und Berücksichtigung der Morphologie überhaupt, hat sich dieser berühmte Physiologe einen viel weiteren biologischen Gesichtskreis erworben, als er sonst den meisten Physiologen der Gegenwart und besonders der Schule von Ludwig zukommt.

die Entwickelung des Seelenlebens und der Sprache beim Kinde
u. s. w. Hier wird auch der Physiologie des Wachsthums eine
sehr bedeutende Aufgabe zufallen; und BAER's „allgemeinstes Resultat: Die Entwickelungsgeschichte des Individuums ist die Geschichte der wachsenden Individualität in jeglicher Beziehung" —
wird hier seine physiologische Geltung erlangen.

Noch weniger cultivirt im Ganzen als diese Physiogenie des
Individuums ist der zweite Hauptzweig der physiologischen Entwickelungsgeschichte, nämlich die Stammesgeschichte der
Functionen, die wir kurzweg Physiophylie nennen wollen.
Diese „Phylogenie der Lebensthätigkeiten" ist allerdings in einzelnen kleinen Partien sehr weit ausgebildet. Vor Allen ist hier die
Phylogenie der menschlichen Sprache zu nennen, wie sie gegenwärtig
das Hauptziel der vergleichenden Sprachforschung bildet. Wenn gegenwärtig die Vertreter dieser höchst interessanten Wissenschaft sich
bemühen, die historischen Veränderungen der Sprache in den einzelnen Stämmen nachzuweisen und z. B. den genetischen Zuzammen-
hang der verschiedenen Zweige und Aeste des indogermanischen
Sprachstammes in Form eines wirklichen Stammbaumes darzustellen
(ganz analog den blastophyletischen Stammbäumen der Zoologie und
Botanik), so offenbart damit die comparative Linguistik ihren eigentlichen Charakter als „Phylogenie der Sprache", als ein Zweig
der Physiophylie, mithin als eine echte Naturwissenschaft. Auch ein
grosser Theil der Culturgeschichte fällt in diese Kategorie. Welche
ungeheure Ausdehnung zeigt uns aber dies noch so wenig bebaute
Gebiet, wenn wir bedenken, dass jede Lebensthätigkeit, jede physiologische Function bei den Thieren und Pflanzen ebenso wie beim
Menschen ihre eigene Geschichte hat, dass eine Jede sich „historisch entwickelt" hat! Welches interessante Object der Forschung
bietet da z. B. die Phylogenie (oder genauer die Physiophylie) der
Bewegungen! Wie anziehend und lehrreich gestaltet sich diese
Aufgabe allein innerhalb der Wirbelthierreihe, wo der aufrechte
Gang des Menschen zunächst zurückzuführen ist auf die kletternde
Locomotion der baumbewohnenden Affen, weiterhin auf die Be-
wegungsform der übrigen landbewohnenden Säugethiere, die auf
allen Vieren laufen. Diese ist wieder ererbt von den Amphibien,
die ihrerseits theils laufen, theils schwimmen, und die aus den
wasserbewohnenden Dipneusten und Fischen hervorgegangen sind.
Bei diesen letzteren wird sich dann die Ruderbewegung der Flos-
sen als die Urform der Locomotion herausstellen, aus welcher auch
die Ortsbewegung des Menschen ursprünglich hervorgegangen ist.

Doch das sind wissenschaftliche Disciplinen der Zukunft, bei
deren selbständigem Aufbau die phylogenetische Speculation ebenso
꙳kühn als vorsichtig, ebenso umfassend als kritisch die Masse von
werthvollen empirischen Materialien zu verwerthen haben wird,
welche ihr von verschiedenen anderen Wissenschaften in so reichem
Maasse geboten werden. Zunächst wird noch diese Physiophylie,
ebenso wie die Physiontogenie, zum grössten Theile im engsten
Zusammenhange mit der morphologischen Entwickelungsgeschichte, mit der Morphogenie bleiben. Denn wie die
Morphologie überhaupt erst der Physiologie den Boden bereitet
und die festen Handhaben geliefert hat, wie die jüngere Physiologie sich erst spät von der älteren Anatomie emancipirt und ab-
gelöst hat, so wird die Physiogenie zu selbständiger Wirksamkeit
erst viel später gelangen, wenn die Morphogenie das ungeheure
Material, dass ihr jetzt vorliegt, erst mehr erfasst und bewältigt
haben wird. Bis jetzt ist die Wissenschaft, die wir kurzweg „Entwickelungsgeschichte" nennen, eben zum grössten Theile nur Biogenie der Formen, nur Morphogenie gewesen.

Die Morphogenie, diese „morphologische Entwickelungsgeschichte", ist in ihren beiden Hauptzweigen, wie bekannt, ebenfalls
höchst ungleichmässig entwickelt. Der bei weitem grösste Theil
von der ganzen umfangreichen Literatur der Entwickelungsgeschichte betrifft bloss die individuelle „Keimesgeschichte der Formen" oder die Morphontogenie (Morphogenie im engeren Sinne). Dagegen haben wir die paläontologische „Stammesgeschichte der
Formen", die Morphophylie, erst ernstlich in Angriff genommen, seitdem uns die neu erstandene Descendenz-Theorie und das biogenetische Grundgesetz den Schlüssel dazu geliefert haben. Sowohl
die paläontologische als die individuelle Entwickelungsgeschichte
der Formen wird sich weiterhin in vier verschiedene Zweige spalten, entsprechend den vier verschiedenen Stufen der organischen
Individualität, die sich beim Thiere ebenso wie bei der Pflanze
unterscheiden lassen, nämlich Plastide, Idorgan, Person und
Stock[1]).

---

1) Die vier Hauptstufen der organischen Individualität, die ich hier unter-
scheide, habe ich näher begründet im ersten Bande meiner Monographie der Kalkschwämme (S. 89—125). In der generellen Tectologie (im dritten Buche der generellen Morphologie, Bd. I, S. 239—374) hatte ich sechs Stufen unterschieden. Indessen sind zwei derselben, die Antimeren und Metameren nicht als selbst-
ständige, den vier anderen Stufen gleichwerthige Kategorien beizubehalten, sondern
dem „Idorgan" unterzuordnen (Kalkschwämme, Bd. I, S. 103). Die vier Stufen,
welche die Botaniker von der pflanzlichen Individualität unterscheiden, sind im Wesentlichen dieselben: 1) Zelle, 2) Organ, 3) Spross und 4) Stock.

Die Morphontogenie (oder die Morphogenie im engeren Sinne), die „Keimesgeschichte der Formen" wird demgemäss in vier verschiedene Zweige zerfallen, die auch bereits thatsächlich, bald mehr bald weniger bestimmt, von vielen Autoren unterschieden worden sind; nämlich: Entwickelungsgeschichte der Zellen (und Gewebe), der Organe, der ganzen Personen, und der Stöcke. Den ersten Zweig, der als Ausgangspunkt für das Verständniss der ganzen Morphogenie gelten muss, bildet die Histogenie (schärfer wohl als „Plastidogenie" zu bezeichnen), die Keimesgeschichte der Plastiden, der Cytoden und Zellen, und der aus diesen zusammengesetzten Gewebe. Dieser Specialzweig beginnt von der neueren Histologie mit vielem Eifer in Angriff genommen zu werden. Viel mehr cultivirt aber, und unter allen Zweigen der Morphogenie am weitesten ausgebildet ist der zweite derselben, die Organogenie, oder die Keimesgeschichte der Organe; sie ist bisher so vorwiegend von den Embryologen betrieben worden, dass sie oft als „Entwickelungsgeschichte" schlechtweg, im engsten Sinne bezeichnet wurde. Ebenfalls sorgfältig ist im Ganzen der dritte Zweig, die Blastogenie oder die Keimesgeschichte der Personen erforscht; dahin gehört bei den höheren Thieren die sogenannte „Entwickelungsgeschichte der Leibesform"; bei den niederen Thieren die Geschichte der Metamorphosen, des Generationswechsels u. s. w. Zu der letzteren gehört theilweise auch schon der vierte Zweig, die Cormogenie oder die Keimesgeschichte der Stöcke; im engeren Sinne wäre diese nur bei den stockbildenden Pflanzen und Thieren, bei den Spongien, Hydroiden, Korallen, Tunicaten u. s. w. zu suchen; im weiteren Sinne aber können wir auch die individuelle Entwickelungsgeschichte der aus freien Personen zusammengesetzten socialen Individualitäten darunter verstehen, der Familien, Gemeinden, Staaten u. s. w. Das ist ein Theil der Oekologie und der Social-Wissenschaft.

Während diese vier Zweige der individuellen Morphogenie bereits mehr oder weniger als selbständige Disciplinen der Entwickelungsgeschichte anerkannt sind, werden die entsprechenden vier Zweige der paläontologischen Morphogenie sich diese Anerkennung erst zu erringen haben. Doch ist es schon jetzt klar, dass auch diese Morphophylie (oder eigentlich „Morphophylogenie"), diese wahre „Stammesgeschichte der Formen" sich ebenfalls entsprechend den vier verschiedenen Individualitätsstufen in vier Zweige gliedern muss. Von diesen ist der erste Zweig, die Histophylie oder die Stammesgeschichte der Zellen und der

aus ihnen zusammengesetzten Gewebe, noch fast gar nicht bearbeitet. Einen Ausgangspunkt für dieselbe bietet die Gastraea-
Theorie; reiches Material dafür liegt in der noch wenig geordneten
„vergleichenden Histologie". Dagegen ist bereits ausserordentlich
weit entwickelt der zweite Zweig, die Organophylie, die Stammesgeschichte der Organe; denn das Meiste was die „vergleichende
Anatomie" bisher erstrebt hat, war im Grunde nichts Anderes.
Freilich geschah das grösstentheils unbewusst; erst seit Kurzem
verfolgt sie ihr phylogenetisches Ziel mit vollem Bewusstsein.
Aehnliches gilt vom dritten Zweige, von der Blastophylie oder
der Stammesgeschichte der Personen; denn deren Aufgabe fällt
zusammen mit derjenigen des „Natürlichen Systems", das uns gegenwärtig als Stammbaum gilt. Der beste Theil der ungeheuren
Arbeit, die auf das Ziel eines „natürlichen Systems" der organischen
Formen gerichtet war, verfolgte unbewusst die zusammenhängende
Stammesgeschichte der Person-Formen. Theilweise gilt das auch
noch vom vierten Zweige, von der Cormophylie, der Stammesgeschichte der Stöcke; im engeren Sinne wäre diese bloss bei
den stockbildenden Thieren und Pflanzen zu suchen; im weiteren
Sinne könnte man darunter auch die Entwickelungsgeschichte der
aus freien Personen zusammengesetzten socialen Verbände, der Familien, Gemeinden, Staaten u. s. w. verstehen. Das ist ein grosser
Theil der Völkergeschichte, der sogenannten „Weltgeschichte".

Alle diese verschiedenen Zweige der Entwickelungsgeschichte,
die jetzt noch theilweise weit auseinander liegen und die von den
verschiedensten empirischen Erkenntnissquellen ausgegangen sind,
werden von jetzt an mit dem steigenden Bewusstsein ihres einheitlichen Zusammenhanges sich höher entwickeln. Auf den verschiedensten empirischen Wegen wandelnd und mit den man-
nichfaltigsten Methoden arbeitend, werden sie doch alle auf ein
und dasselbe Ziel hinstreben, auf das grosse Endziel einer universalen monistischen Entwickelungsgeschichte. Dabei
wird aber der philosophische Weg für alle derselbe sein: der
Doppelweg der Induction und Deduction. Alle diese Zweige der
Entwickelungsgeschichte werden beständig der nothwendigen Wechselwirkung sich bewusst bleiben müssen, in welcher die empirische
und die philosophische Forschung sich ergänzen, und welche CARL
ERNST BAER mit den Worten bezeichnet hat:

Beobachtung und Reflexion.

Anhang:

Zwei Tabellen

zur Uebersicht über die verschiedenen Hauptgruppen der organischen Entwickelungs-Erscheinungen und über die entsprechenden Hauptzweige der organischen Entwickelungsgeschichte.

———

Erste Tabelle: Uebersicht über die Hauptgruppen der organischen Entwickelungs-Erscheinungen.

A.
Erste Hauptgruppe der organischen Entwickelungs-Erscheinungen: **Ontogenesis.** Phaenomene der individuellen Entwickelung.

I. Morphogenesis. Individuelle Entwickelung der organischen Formen (der Individuen aller vier Kategorien).

1. **Histogenesis.** Individuelle Entwickelung der Plastiden (Cytoden und Zellen) und der daraus zusammengesetzten Gewebe.
2. **Organogenesis.** Individuelle Entwickelung der Organe und der daraus zusammengesetzten Organ-Systeme und Apparate.
3. **Blastogenesis.** Individuelle Entwickelung der Personen (in ihrer Gesammtform und äusseren Erscheinungsweise). Ontetische Entwickelung der einzelnen „Species".
4. **Cormogenesis.** Individuelle Entwickelung der Stöcke oder Cormen (sowie der aus Personen zusammengesetzten socialen Individualitäten höheren Ranges: Familien, Gemeinden, Staaten).

II. Physiogenesis. Individuelle Entwickelung der Lebensthätigkeiten oder der physiologischen Functionen (vom Beginne bis zum Ende der individuellen Existenz).

B.
Zweite Hauptgruppe der organischen Entwickelungs-Erscheinungen. **Phylogenesis.** Phaenomene der paläontologischen Entwickelung.

I. Morphophylesis. Paläontologische Entwickelung der organischen Formen (der Stämme oder Phylen).

1. **Histophylesis.** Paläontologische Entwickelung der Plastiden (Cytoden und Zellen) und der daraus zusammengesetzten Gewebe.
2. **Organophylesis.** Paläontologische Entwickelung der Organe und der daraus zusammengesetzten Organ-Systeme und Apparate.
3. **Blastophylesis.** Paläontologische Entwickelung der Personen (in ihrer Gesammtform und äusseren Erscheinungsweise). Phyletische Entwickelung der stammverwandten „Species" - Reihen.
4. **Cormophylesis.** Paläontologische Entwickelung der Stöcke oder Cormen (sowie der aus Personen zusammengesetzten socialen Individualitäten höheren Ranges: Familien, Gemeinden, Staaten).

II. Physiophylesis. Paläontologische Entwickelung der Lebensthätigkeiten oder der physiologischen Functionen (vom Beginne der Generationen - Reihe bis zur Gegenwart).

Zweite Tabelle: Uebersicht über die Hauptzweige der organischen Entwickelungsgeschichte.

A. Erster Hauptzweig der Biogenie oder der organischen Entwickelungsgeschichte: **Ontogenia.** Individuelle Entwickelungsgeschichte.	**I. Morphogenia.** Keimesgeschichte der Formen, oder individuelle Entwickelungsgeschichte der organischen Individuen aller vier Kategorien.	1. **Histogenia.** Keimesgeschichte der Plastiden (Cytoden, Zellen, Gewebe). Gewöhnlich kurzweg als „Entwickelungsgeschichte der Gewebe" bezeichnet. 2. **Organogenia.** Keimesgeschichte der Organe (Organ-Systeme und Apparate). Der am weitesten ausgebildete Theil der bisherigen Entwickelungsgeschichte. 3. **Blastogenia.** Keimesgeschichte der Personen (in ihrer Gesammtform). Sogenannte „Entwickelungsgeschichte der Leibesform", gut ausgebildet. 4. **Cormogenia.** Keimesgeschichte der Stöcke oder Cormen (sowie der Familien, Gemeinden, Staaten). Wenig bearbeitet. Hierher ein Theil der Oekologie und Sociologie.

II. **Physiogenia.** Keimesgeschichte der Functionen oder individuelle Entwickelungsgeschichte der Lebensthätigkeiten (vom Beginne bis zum Ende der individuellen Existenz).

B. Zweiter Hauptzweig der Biogenie oder der organischen Entwickelungsgeschichte: **Phylogenia.** Paläontologische Entwickelungsgeschichte.	**I. Morphophylia.** Stammesgeschichte der Formen, oder paläontologische Entwickelungsgeschichte der stammverwandten Formengruppen.	1. **Histophylia.** Stammesgeschichte der Plastiden (Cytoden, Zellen, Gewebe). Fast noch gar nicht bearbeitet. 2. **Organophylia.** Stammesgeschichte der Organe. Sehr weit entwickelt. Unbewusst ein Hauptobject der „vergleichenden Anatomie". 3. **Blastophylia.** Stammesgeschichte der Personen. Sehr weit entwickelt. Unbewusst ein Hauptobject der „Natürlichen Systematik". 4. **Cormophylia.** Stammesgeschichte der Stöcke (Familien, Gemeinden, Staaten). Noch wenig bearbeitet. Hierher ein grosser Theil der Völkergeschichte.

II. **Physiophylia.** Stammesgeschichte der Functionen oder paläontologische Entwickelungsgeschichte der Lebensthätigkeiten (vom Beginne der Generationen-Reihe bis zur Gegenwart).

7 *